河南省自然科学基金青年科学基金项目（232300420448）资助
国家重点基础研究发展计划（973计划）（2015CB251601）资助
安阳工学院博士科研启动基金项目（BSJ2021067）资助

高强度采动覆岩结构变异及水体损伤综合预警研究

王振康◎著

中国矿业大学出版社

·徐州·

内 容 提 要

本书以榆神府矿区超大型矿井金鸡滩煤矿超大采高综放开采工作面为例,在系统分析研究区水文地质和工程地质条件的基础上,综合采用野外调查、室内试验、原位测试、理论分析以及数值模拟等方法,对侏罗系煤层上覆岩土体工程地质特性、采动覆岩损伤和渗透性演化规律、采动覆岩-土复合结构动态演化规律以及顶板水害预测预警等方面进行了深入研究。研究成果可为促进西部生态脆弱区煤炭资源安全开发与区域生态环境协调发展提供基础理论和技术支撑。

本书可供煤矿长壁开采岩层控制、矿井水害防治、采动损害及环境保护等相关领域的科研人员和工程技术人员参考。

图书在版编目(CIP)数据

高强度采动覆岩结构变异及水体损伤综合预警研究 / 王振康著. —徐州:中国矿业大学出版社,2023.12

ISBN 978 - 7 - 5646 - 5705 - 5

Ⅰ. ①高… Ⅱ. ①王… Ⅲ. ①煤矿开采—岩层移动—研究②煤矿开采—矿山水灾—研究 Ⅳ. ①TD32②TD745

中国国家版本馆 CIP 数据核字(2023)第 014121 号

书　　名	高强度采动覆岩结构变异及水体损伤综合预警研究
著　　者	王振康
责任编辑	潘俊成
出版发行	中国矿业大学出版社有限责任公司
	(江苏省徐州市解放南路　邮编 221008)
营销热线	(0516)83885370　83884103
出版服务	(0516)83995789　83884920
网　　址	http://www.cumtp.com　E-mail:cumtpvip@cumtp.com
印　　刷	徐州中矿大印发科技有限公司
开　　本	787 mm×1092 mm　1/16　印张 7.75　字数 198 千字
版次印次	2023 年 12 月第 1 版　2023 年 12 月第 1 次印刷
定　　价	40.00 元

(图书出现印装质量问题,本社负责调换)

前　言

　　煤炭资源作为关乎国计民生的重要基础能源,在我国一次能源消费中一直占据主导地位。"十四五"期间,国内煤炭资源消费保持确定性正增长,随着煤炭清洁高效利用技术的进步与革新,"十五五"期间,预计国内煤炭资源消费仍将保持正增长趋势。此外,在当前国际局势不稳定、能源价格上涨的大环境下,我国要保障能源安全,必须立足于以煤为主的基本能源战略,为维持社会稳定和实现经济增长提供强有力支撑。根据当前我国"控制东部、稳定中部、发展西部"的煤炭开发总体布局,煤炭产能进一步向西部地区转移和集中。据不完全统计,西部地区煤炭产量占比约为 66%,煤炭资源开发加速西移成为必然趋势。

　　与我国东部和中部矿区相比,西部矿区的含煤地层赋存条件具有显著差异:① 煤层埋藏深度较浅,煤层层数多,煤层厚度大;② 煤层顶板基岩厚度小,地表覆盖松散层厚度大,沉积相变频繁,覆岩横向展布不稳定;③ 含煤地层成岩期较晚,覆岩力学强度较低,胶结性差(弱胶结特性),开采扰动自稳能力较弱,遇水易泥化崩解。上述诸多因素导致西部矿区煤层采动覆岩运动特征(静压力小,动压力大,动荷载系数大,裂采比大)明显区别于东部矿区煤层采动覆岩运动特征。因此,通过东部矿井开采所得的有关覆岩运动的经验和理论不适用于西部矿井开采。由于西部矿区煤层开采条件优越,通常采用大规模机械化采煤方式(综合机械化采煤工艺和综合机械化放顶煤工艺),大尺度工作面机械化开采对顶板覆岩的扰动强度大,必然导致覆岩剧烈运动。虽然西部矿区煤炭资源丰富,开采条件好,但区内地表水资源匮乏,植被稀疏,生态环境十分脆弱。且区内地下水资源主要赋存于地表浅部及含煤地层上部,煤层大规模高强度开采后,易导致地表水及地下潜水发生渗漏和突涌,造成地表环境严重恶化和矿井工作面突水双重灾害。因此,开展"采动覆岩结构变异及潜水体采动受损综合预警"研究工作,可为促进西部煤炭资源大规模安全开发与区域生态环境协调发展提供技术支撑。

　　本书以"保水采煤(将萨拉乌苏组潜水层水位控制在生态水位以内)"为理论依托,围绕"采动覆岩-土复合结构变异""潜水体采动受损综合预警"两大科学问题,在查明区域水文地质条件和生态-水-岩(土)-煤系空间关系的基础上,科学研判地下采煤活动对上覆第四系萨拉乌苏组砂层潜水含水体的采动损伤效应。

本书共分为6章：第1章为绪论，介绍了本书的研究背景和研究现状；第2章为研究区自然地理条件与地质概况，主要介绍了研究区的工程地质与水文地质条件；第3章为侏罗系煤层覆岩-土结构特征及工程地质性质，重点分析了含煤地层宏观、微观结构特征以及工程地质力学特征；第4章为不同采动应力路径下覆岩损伤与渗透性演化规律，主要研究了侏罗系弱胶结砂岩在不同应力组合条件下（围压和渗透压力）的力学行为、渗透性和损伤特性的演化特征；第5章为超大采高综放采场覆岩-土复合结构动态响应特征，重点研究了高强度采动过程中，煤层上覆岩土体复合结构的动态变形破坏特征、隔水层（土层）的孔隙水压力分布及其动态变化规律，确定了超大采高综放采场导水裂缝带动态发育高度和最大发育高度；第6章为超大采高综放工作面顶板水害预测与预警，主要采用GIS空间分析技术、隔水层含水率、地面沉降以及砂层潜水体水位等多源信息对超大采高综放工作面顶板砂层潜水涌（突）水危险性进行预测以及危险区综合预警。

此书完稿之际，需要说明本书引用了众多专家、学者的学术成果，在此表示真诚的感谢。感谢李文平教授、陈江峰教授在本书撰写过程中给予的指导和支持。感谢代金秋、李金贝、王成立、张静老师对本书文字的审核和修改。

由于作者水平所限，书中难免存在不当之处，恳请读者批评指正。

王振康

2023年6月

目　　录

1 绪 论

1.1 研究背景及意义

1.1.1 研究背景

随着供给侧结构性改革不断深入,我国的能源结构得到持续调整和优化。尽管煤炭在我国一次能源消费结构中的占比降至 2021 年的 56.0%(图 1-1),但煤炭仍在能源消费中占主导地位。受我国富煤、贫油和少气的能源资源赋存特征制约,在相当长时期内,煤炭的主体能源地位不会改变,以煤炭为主的能源消费结构不会改变[1]。

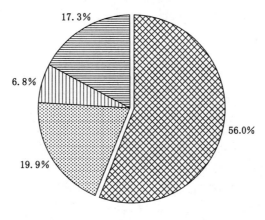

图 1-1 2021 年中国一次能源消费结构

纵观全国煤炭资源开发现状,东部地区煤炭资源逐渐枯竭,产量萎缩;中部和东北地区煤炭资源开发难度大,投资效益低;而西部地区侏罗系煤炭资源丰富,煤层赋存条件简单,煤质优良,开发前景巨大。目前,西部地区已建成的陕北榆神府矿区,煤层埋藏浅、厚度大、储量丰富。西部矿区煤炭资源开发对于保障我国能源安全供给和促进社会经济发展具有重要意义[2]。

然而,榆神府矿区位于毛乌素沙漠东南缘,属于典型的干旱-半干旱大陆性季风气候,干旱少雨,年蒸发量远大于年降水量,地表水资源匮乏,植被稀疏,生态环境十分脆弱,榆神府矿区地表环境如图 1-2 所示。

研究区主采煤层为侏罗系延安组 2^{-2} 煤层,煤层厚度为 8.6～12.2 m,平均值为 9.64 m,

（a）

（b）

图 1-2　榆神府矿区地表环境

煤层倾角近似为 0°，埋深为 $-284\sim-259$ m。区内第四系萨拉乌苏组（Q_3s）砂层潜水含水层连续分布，富水性较强，是维系区域生态环境良性发展的珍贵水源，同时是矿井突水灾害的主要充水水源（图 1-3）。新近系保德组红土（N_2b）和第四系离石组黄土（Q_2l）位于砂层潜水含水层之下，是本区域内分布的关键隔水层。且红土隔水层分布不连续，红土缺失区的砂层潜水含水层直接与黄土层接触。顶板覆岩为一套陆相碎屑沉积，由各类砂岩、粉砂岩、泥岩、砂质泥岩和煤层组成。受陆相沉积环境影响，上覆地层结构在纵向和横向的展布特征差异显著[3]。顶板充水含水层分布不均匀，富水性差异较大，含水层之间水力联系复杂，探查难度大。

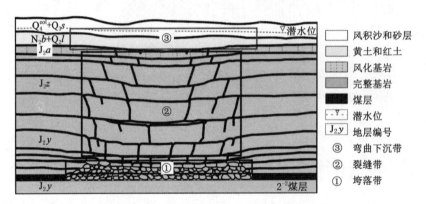

图 1-3　含（隔）水层空间赋存特征及采动覆岩分带

1.1.2　研究意义

榆神府矿区侏罗系煤层厚度大、埋藏浅、上覆基岩薄以及松散层较厚。长期高强度的采矿扰动引起上覆岩土体变形破坏，导致上覆水体发生渗漏，造成区域地下水位显著下降[4]，河流、泉水以及湖泊水量锐减甚至干涸[5-6]，流域生态变异[7]以及表生环境恶化[8]等一系列严重的环境问题。此外，采矿扰动引起顶板覆岩孔裂隙水以及砂层潜水发生渗漏，还会致使矿井工作面突水灾害频发，严重威胁煤矿的安全生产[9-11]。高强度的煤炭资源开发导致地表生态环境恶化和矿井突水灾害日益加剧，严重制约着该地区的可持续发展[12-13]。

因此,榆神府矿区煤炭资源高产高效开采与水资源保护及生态环境保护之间的矛盾亟待解决。

采矿扰动破坏了煤层上覆地层的原始结构,导致其渗透性增大,这是引起上覆水体发生渗漏的直接原因[14]。地下工程岩土体经历漫长的成岩和改造历史,处于复杂的应力状态中,应力状态的差异决定了岩土体的变形破坏行为及渗透性变化[15]。通常情况下,煤层开采破坏其上覆地层结构,伴随着岩土体内部裂纹的萌生、扩展和贯通,形成渗透性有显著差异的不同区域,即由下至上分为垮落带、裂缝带以及弯曲下沉带[16-17]。采动岩体的不同演化阶段与上述"三带"之间具有紧密联系(图1-4)。

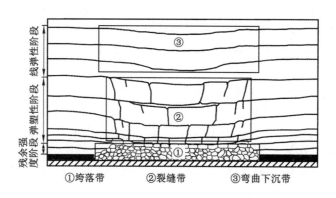

图 1-4　岩石不同演化阶段与采动覆岩分带的对应关系

金鸡滩煤矿 117 工作面采用超大采高综采放顶煤的开采方式,是陕北沙漠滩地厚潜水含水层条件下第一个超大采高综放工作面。如此高强度煤层开采必然引起上覆地层剧烈运动,可能导致采煤诱发的导水裂缝进入隔水土层,波及第四系萨拉乌苏组砂层潜水含水层,给矿井工作面安全生产和地表生态环境发展带来严重隐患。因此,本书以金鸡滩煤矿117 工作面为重点研究对象,系统分析侏罗系煤层上覆岩土体的工程地质特性和不同采动应力状态下顶板覆岩损伤和渗透性演化规律,探究超大采高综放开采条件下覆岩-土复合结构的动态演化规律,并对顶板砂层潜水含水层涌(突)水危险性进行预测与预警。所得成果对于陕北侏罗系煤层超大采高综放开采具有重要的工程实践意义,可为实现煤炭资源安全开采、水资源和生态环境保护提供技术支持。

1.2　国内外研究现状

1.2.1　岩石(土)的岩相学特征与工程地质性质的关系

有关岩石(土)的岩相学特征与工程地质性质之间的关系方面,国内外学者开展了大量的研究工作。冯启言等[18]利用 SEM、XRD、压汞和力学测试等方法,分析了兖州和徐州矿区红层岩石的物质组成、孔隙结构、力学强度及膨胀和崩解特性,初步探讨了红层岩石物理力学性质对煤矿建井与开采的影响。孟召平等[19-24]通过显微镜对淮南新集井田二叠系主采煤层顶底板岩石成分、碎屑颗粒粒径、胶结物及胶结类型进行了定量统计,建立了岩石的微观结构与力学性质之间的定量关系。潘结南等[25]分析了煤岩的微观结构、强度和变形破坏特征,构建了煤岩的微观组构与宏观力学性质之间的定性定量关系。冯文凯等[26]基于电镜扫描技术,从微观结构方面解释了砂岩和泥岩的软化特性、抗冲击特性及波的传播特性等方面表现出的差异性。赵斌等[27]从岩石的矿物成分和细观结构出发,测定了九种岩样的矿物组成和力学参数,并使用扫描电镜观测其细观结构变化,指出碎屑岩的力学性能不仅和胶结类型有关,而且与胶结成分有关。范小倩[28]分析了砂岩的组构特征和力学性质,指出石英含量越高,砂岩的力学性质越高;矿物颗粒特征、胶结物成分和类型以及结构类型是影响砂岩内聚力和内摩擦角的重要因素。王志兵等[29]利用扫描电镜、直剪试验和压汞试验对花岗岩残积土进行了试验研究,从微观角度解释了残积土力学特性的差异。陈江峰等[30-31]对神东矿区煤层顶板砂岩和泥岩的微观结构和矿物成分进行了分析,建立了砂岩和泥岩微观组构与物理力学参数之间的定量关系。杨兰田等[32]通过测试岩浆岩微细观结构特征及力学性质,揭示了岩浆岩地层井壁稳定的主要原因。

Ulusay等[33]构建了砂岩的岩相学参数与力学性质之间的关系,得出岩石结构特征对其力学行为的影响较矿物组成更为显著。Ersoy等[34]利用结构系数将岩石结构特征定量化,指出岩石结构对其力学性质影响较大。Bell等[35]对砂岩的物理力学性质和岩相学特征进行了分析,发现砂岩的力学强度和耐久性指数随石英含量的增加而增大,随黏土矿物含量的增加而降低。Bell等[36]分析了砂岩矿物组成和结构对其力学性能的影响,指出砂岩单轴抗压强度和弹性模量随石英含量的增加而增大,随泥质含量的增加而降低;孔隙度越高,其力学强度越小。Åkesson等[37]基于SEM/BSE图像分析技术对均质酸性岩浆岩进行了研究,发现矿物颗粒周长越大,岩石越不易磨损和破碎;颗粒尺寸和矿物集合体的增加导致岩石质量变差。Chatterjee等[38]研究了印度东海岸两个主要盆地储层岩石的物理力学性质,表明不同沉积岩因深度和地质年龄的不同,其物理力学性质差异显著。Jeng等[39]提出一种基于单轴抗压强度和由湿润性引起岩石强度降低的分类方法,同时发现孔隙度对古近系和新近系砂岩的单轴抗压强度具有重要影响。Lindqvist等[40]指出矿物组成、颗粒大小与形状、颗粒排列方向及空间分布状态、孔隙度等岩石固有属性对岩石材料的力学性能和破坏特征影响显著。

Tamrakar等[41]构建了岩石组构和物理力学性质之间的关系,得出孔隙度和矿物颗粒之间的接触关系以及堆积密度对砂岩的物理力学性质具有重要影响。Sabatakakis等[42]利用回归方程建立了砂岩的矿物含量与抗压强度之间的定量关系,指出随石英含量的增加,砂岩的单轴抗压强度增大。Gupta等[43]通过对石英岩的微观结构及物理力学性质的定量分析,在岩石结构系数、颗粒边界平滑程度、颗粒形态优选方向与岩石的地震属性(地震波速和衰减特性)和抗压强度之间建立了联系。Tandon等[44]利用回归分析建立了不同类型岩石(石英岩、花岗岩和片麻岩)的单轴抗压强度、施密特锤回弹值、波速及其衰减特性与岩石组构参数之间的定量关系,结果表明粒度较大的岩样具有较高的波速,软弱矿物的含量及其排列方向对岩石的单轴抗压强度具有重要影响。Cantisani等[45]对佛罗伦萨地区的砂岩进行不同条件下的加速老化试验,指出碳酸盐胶结物含量越高,岩石的有效孔隙度越低;孔隙含量越低,岩石力学强度越高;盐结晶含量对加速砂岩老化具有显著影响。Ündül[46]从微观角度分析了火山岩的强度特征、弹性特征以及裂隙发育过程,得出随杂基含量的增加,单轴抗压强度降低;黑云母对单轴抗压强度的影响较显著;不透明矿物和黑云母的几何特征对弹性模量具有重要影响;裂纹发育特征取决于斑晶和基质的分布比例。Aligholi

等[47]进行了岩浆岩的岩相学特征与其工程性质之间关系的试验研究,结果表明矿物成分在决定岩浆岩工程性质时往往比岩石组构特征更为重要。Festa 等[48]基于单变量方差分析和主成分分析的统计试验,重点研究了阿普利亚软岩的岩相学特征与其物理力学参数之间的关系,结果表明碳酸盐岩碎屑和亮晶胶结物是控制岩石强度的两个重要因素。Hoseinie 等[49]研究了岩石微观结构参数与顶锤钻进速率之间的关系,指出钻速随等效直径和形状因子的增大而增加,随晶粒致密度、长径比、晶粒均匀度和晶粒嵌合指数的增加而降低。

1.2.2 不同应力加载路径下岩石损伤和渗透性的演化特征

采矿扰动破坏了煤层上覆岩土体的原始结构,导致其内部新生裂纹萌生、扩展和贯通,这必然引起岩土体渗透性的改变。近些年,国内外学者针对工程岩体在不同荷载条件下的损伤和渗透性演化规律方面开展了大量的试验和理论研究。

胡大伟等[50]对多孔红砂岩的不同变形阶段进行了轴向应力循环加卸载,同步测定了砂岩的渗透性变化,得到了砂岩试样不同受力阶段的渗透性演化规律。王小江等[51]利用三轴耦合试验机对不同围压条件下的粗砂岩进行了渗透性试验,发现随围压的增大,粗砂岩渗透率变化曲线的峰值和峰后残余值越小,渗透系数-应变关系曲线越平缓。俞缙等[52]基于岩石伺服三轴试验系统,利用稳态法对砂岩在不同围压和渗透压条件下的应力-应变过程开展了渗透性试验研究。彭俊等[53]分析了岩石渐进破裂的基本规律,发现岩石的渐进破裂过程受岩石的结构和构造影响,且围压以及开挖扰动等外界因素对岩石的渐进破裂过程具有重要影响。胡少华等[54]测定了不同围压条件下北山花岗岩在三轴压缩过程中的渗透性变化,得出岩石渗透率曲线随偏应力的增加总体呈现下降段、水平段、稳定增长段以及急剧上升段的变化过程。王伟等[55]采用岩石全自动三轴伺服仪对低渗透花岗岩进行了渗透水压作用下的三轴渗流-应力耦合试验,分析了岩石应力、应变变化过程中渗透率随围压、渗透压力和体积应变的变化规律。

韩宝平等[56]对碳酸盐岩的渗透性进行了试验研究,指出同一岩样在不同应力状态下其渗透性变化具有明显差异。仵彦卿等[57]利用岩石高压三轴和渗透压加载装置对砂岩进行了渗流与应力关系的试验,同时借助 SOMATOM PLUS 螺旋 CT 扫描机进行实时观测,发现岩石的渗透性变化与其受力损伤-破裂过程密切相关。李树刚等[58]利用岩石电液伺服力学试验系统对软煤样全应力-应变过程的渗透性进行了测试,得出了软煤样渗透系数与主应力差、轴应变、体积应变之间的关系。胡大伟等[59]通过试验观测和微观机制分析,提出了渗透系数计算方法;在已建立的细观损伤力学模型的基础上,对摩擦准则和加载函数进行了改进,采用改进模型模拟 Lac du Bonnet 花岗岩三轴压缩试验,发现模型的计算值与试验值非常吻合并验证了模型的适用性。刘建军等[60]以低渗透多孔介质为研究对象,通过试验得出孔隙度和渗透率随有效压力的变化曲线,指出流体在低渗透多孔介质中渗流时,流固耦合效应十分显著。彭苏萍等[61]采用三轴岩石力学试验系统分析了储层砂岩在全应力-应变过程中渗透率的变化规律和不同围压下岩石的孔渗性,结果表明砂岩的孔渗性与其所承受的有效侧压大小密切相关,表现为岩石的孔隙度和渗透率均随侧压的增加而减小,且符合对数函数变化规律。贺玉龙等[62]通过试验研究了围压升降过程中砂岩和单裂隙花岗岩的渗透率变化特性,得出在围压升降过程中,砂岩和单裂隙花岗岩的渗透率均随有效应力的增加呈负指数规律减小。代平等[63]引入双重有效应力理论,对孔渗性随应力的变化关系进行重新校正和评价,表明随着应力的变化,低渗透砂岩储层的孔隙度变化不大,而渗透率变化较大。黄远智等[64]采用 FDES-641 驱替评价系统对采自长庆油田的砂岩样品进行试验和分析以研究低渗透岩石的渗透率与有效应力之间的关系,结果表明岩石渗透率随有效应力的增加呈规律性减小。

盛金昌等[65]设计了三组试验工况,在改变渗透压以及化学溶液的条件下,分别测定每种工况下的渗出水流量、渗出水离子浓度值以及渗出水 pH 值变化情况,结果表明渗出水流量、裂隙开度总体趋势随着时间的增加逐渐减小,并最终趋于稳定。李宏艳等[66]采用实验室试验与现场试验相结合的方法,分别开展了实验室煤岩介质渗透率应力敏感性试验、应力-应变渗透率测定试验以及采动煤体渗透率观测试验三种方法对综放开采条件下煤岩渗透率演化规律进行了研究,得出应力大小及应力加卸载历史是影响煤岩介质渗透性演化的主要因素。俞缙等[67]利用岩石伺服试验系统,对江西红砂岩进行了三轴压缩试验、气体渗透性以及声发射监测,结果表明随着有效围压的增加,岩样的应力峰值逐渐增大,且应力峰值对有效围压十分敏感。陈亮等[68]基于岩石三轴压缩应力-应变全过程的渗透性试验,结合三维声发射监测技术,分析了花岗岩在不同围压条件下力学损伤演化机制及其对岩石渗透特性的影响规律,得出在低围压条件下,岩石渗透性随围压的增大迅速减小;当围压增大到一定程度后,该趋势逐渐减弱。王环玲等[69]利用伺服试验机对灰岩和砂岩进行了应力-应变全过程的渗透性试验,结果表明岩样的渗透率与其应力状态密切相关,渗透率的峰值滞后或超前于应力峰值,这与岩石介质本身的特性有关。梁宁慧等[70]通过裂隙岩体的卸荷-渗流试验,探讨了裂隙岩体的渗透系数在卸荷过程中的变化规律,不仅揭示了裂隙岩体渗透系数与卸荷量呈近似双曲线关系,还验证了裂隙岩体在加载、卸荷过程中渗透系数的迟滞现象。许江等[71]利用 MTS815 岩石力学测试系统进行了两类三轴压缩对比试验,表明充水条件下,随着有效围压的增加,有效峰值破坏强度呈增大的趋势,但在相同围压条件下随孔隙水压力的增加,有效峰值破坏强度呈逐渐减小的趋势。李世平等[72]得到的试验结果证实了岩石的渗透系数或渗透率在全应力-应变过程中是应力-应变的函数,并拟合出了岩石的渗透率-应变方程。周建军等[73]采用细观力学方法提出了一个岩石各向异性损伤和渗流耦合的细观模型,并采用细观力学的分析方法由含裂纹材料的自由熵推导出裂隙岩石的本构方程,发现提出的模型与试验结果具有较高的一致性。

孔茜等[74]利用致密岩石惰性气体渗透率测试系统对砂岩进行了五次循环加卸载试验,得出围压加载阶段孔隙度和渗透率随围压的变化均呈指数关系,围压卸载阶段孔隙度与渗透率随围压变化均呈幂函数关系。张振华等[75]以三峡库区红砂岩为研究对象,利用自主研发的"具有模拟库水位周期性变化环境下水压变化条件的渗透仪"对红砂岩进行了周期性渗透试验,探讨了防洪限制水位以下的红砂岩在周期性渗透压作用下的渗透特性变化规律。王伟等[76]将有效应力原理引入孔隙水压力模型中,结合应变等价性假说建立了应力-渗流耦合作用下有效应力的表达式,并假设岩石微元强度服从韦布尔随机分布,构建了考虑孔隙水压力的岩石统计损伤本构模型。王伟等[77]采用三轴伺服仪对花岗片麻岩开展了渗流-应力耦合试验,表明常规三轴压缩和轴压循环加卸载两种不同应力路径下,岩石的渗透率演化规律具有差异性和一致性。王伟等[78]利用三轴渗流伺服装置对凝灰岩进行了不同围压和渗压下的渗流-应力耦合试验,分析了岩石在渐裂过程中不同裂纹开展阶段的渗透率演化规律。刘先珊等[79]以低渗储层砂岩为研究对象,分析了不同荷载组合下岩体裂纹的发展规律,研究了渗流-应力-损伤破裂过程中渗透率与裂纹状态的关联性。

Brace 等[80]研究了高围压和孔隙压力条件下花岗岩的渗透率变化特征,指出围压和孔隙压力对岩石渗透率的影响显著。姜振泉等[81]、朱珍德等[82]和 Yang 等[83]研究了三轴压缩条件下脆性岩石的渗透率变化规律,得出岩石的渗透率在峰值强度后显著增大。Shao 等[84]建立了花岗岩的损伤模型,并确定了损伤张量和渗透性之间的耦合关系。Hu 等[85]分析了饱和砂岩微裂纹扩展过程中的渗透率演化规律,得出试验样品的渗透率先降低后逐渐增加。此外,Tan 等[86]发现了花岗岩的渗透率具有相似的变化规律。Zhang[87]研究了黏土岩破坏前后的应力-应变-渗透率关系,并验证了连通裂缝的渗透率变化符合立方规律。Yang 等[88]采用应力-损伤-渗流耦合方法研究了尺寸效应对节理岩体渗透率的影响,发现在实际尺度接近特征尺度之前,渗透率趋于稳定和各向同性。Patsouls 等[89]对英国东约克郡白垩岩进行了一系列高围压和低孔隙水压力下的渗透性试验,发现孔隙水压力对渗透率的影响较围压的更为敏感。Zhang 等[90]利用氩气在室温高压下对大理岩和热压方解石的渗透率和孔隙度进行了测定,结果表明在应变恒定的条件下,穿晶裂纹的平均长度和线密度随着有效压力的增加而减小。Stormont 等[91]在静水压和三轴准静态条件下通过应力速率控制的压缩试验对样品的气体渗透性和孔隙率进行了测定,得出由于静液荷载的作用,样品的渗透性和多孔性显著降低。Davy 等[92]通过试验发现对于渗透率 $k > 10^{-7} \mu m^2$ 的岩样,达西定律适用性较好,稳态法测量渗透率是较好的选择。Li 等[93]发现岩样达到塑性屈服极限后进入破坏阶段,渗透率增至峰值后反而有一定的回落,岩样继续压缩时,破坏后的岩样应力重新分布,内部的宏观裂纹在一定程度上得到压缩,致使岩样的渗透率发生小幅回落。Schulze 等[94]分析了岩盐的变形破坏特征,并描述了剪胀边界处由非剪胀变形向剪胀变形过渡的条件。

Ma 等[95]利用电液伺服控制系统分别研究了不同围压条件下裂隙岩石的渗透特性,指出随着围压的逐渐增加,岩石渗透系数呈指数急剧下降和幂函数缓慢下降两个递减阶段。Wang 等[96]讨论了变形破坏过程中气体渗透率随应力变化的演化规律,得到花岗片麻岩的渗透特性与孔隙度大的岩石不同,在变形破坏过程中渗透率与应力的关系曲线相对平缓,没有大的波动,但仍反映了岩石的压缩、软化和破坏特征。Alam 等[97]采用三轴压缩试验、薄片图像分析技术以及微聚焦 X 射线计算机断层扫描技术研究了三种不同岩石(凝灰岩、砂岩和花岗岩)的渗透特性,揭示了较大围压条件下,岩石的渗透率增加主要是因为较大的围压导致高应力集中从而形成粗糙的破裂面。Liu 等[98]通过三轴压缩蠕变试验,研究了压缩蠕变对多孔泥质岩渗透性的影响,并指出气体渗透率在初始偏应力荷载下明显减小,在稳定蠕变过程中趋于恒定,当蠕变产生裂缝时表现出轻微增加。Xu 等[99]利用三轴蠕变试验分别探讨了硬岩的蠕变和渗透特性,表明蠕变过程中硬岩的渗透率变化与裂缝的萌生和扩展有直接联系。Xu 等[100]通过短期和长期三轴压缩试验研究了砂岩的渗透率演化规律,得出了裂缝体积应变与砂岩试样渗透率之间具有线性关系。Yang 等[101]利用 X 射线衍射和扫描电镜技术分析了高温对砂岩渗透特性的影响。Du 等[102]利用常规三轴压缩试验和声发射试验分析了应力加载过程中含气煤、煤-泥岩和煤-砂岩组合体的渗透率变化规律,发现不同应力路径下三种试样的声发射累积计数和能量随着围压的增加或气体渗透压力的降低而减小。

1.2.3 采场上覆岩土体结构演化规律与监测

煤层采动引起上覆岩土体应力重分布,造成其变形、移动和破坏,形成自下而上的"三带",即垮落带、裂缝带以及弯曲下沉带[103-104](图1-4)。"三带"的发育特征与上覆岩土体的结构和工程地质性质、地质构造、煤层采厚、地层倾角、采煤方法和顶板管理方法等因素有关[105-106]。针对采场上覆岩土体的变形破坏规律,国内外学者开展了大量的理论研究和工程实践,并取得了丰硕的成果。

1916年,德国学者Stoke提出了悬臂梁假说,解释了工作面支架近煤壁侧受力小、近采空区侧受力较大的现象,同时揭示了工作面周期来压现象,且对支架荷载提出了各种计算方法,但未考虑采场上覆岩层结构与运动规律,与煤矿现场实际现象存在一定差异[107-108]。1928年,德国学者Hack和Gillitzer针对工作面围岩存在支承压力现象提出了压力拱理论,简单解释了工作面前后的支承压力和回采工作空间处于减压范围现象,但难以解释随着工作面推进矿山压力呈周期性显现的现象,不能定量描述拱结构的主要影响参数,不能很好地解决工程实践中遇到的问题[109-111]。20世纪50年代初,比利时学者Labasse提出了预成裂隙梁假说,该假说进一步解释了工作面支架与围岩的相互作用关系,但忽视了未发生裂隙岩层的受力情况,对上覆岩层的破坏规律缺乏系统的理论探讨和说明[112]。1950—1954年期间,苏联专家库兹涅佐夫提出了铰接岩块假说,将工作面覆岩沿垂直方向划分为垮落带和移动带,揭示了采场覆岩的运动规律和支架与围岩的关系,同时指出支架承担垮落带的全部荷载;然而,该假说未对铰接平衡条件做出解释,也未能全面解释支架与围岩的关系[113]。

此外,Yao等[114]运用有限元和边界元方法分别研究了采动覆岩的垮落高度、离层裂缝产生的力学条件以及发育的位置和高度。Bai等[115]以及Palchik[116]研究了采动覆岩裂隙动态分布规律,指出长壁开采条件下上覆岩层存在三个不同的移动带。Holla等[117]利用多层位孔锚固装置对新南威尔士的浅埋薄基岩地质条件下的开采矿压进行了观测,获得了上覆岩层的移动规律。Smith等[118]以及Miller等[119]针对房柱式采煤方法引起的地表下沉塌陷问题,对采场上覆岩层的移动规律进行了现场监测。Singh等[120]、Singh等[121]通过原位监测浅埋煤层采空区上覆岩层的应力变化情况,获得了上覆岩层不同位置的移动变化特征,并对覆岩稳定性进行了评价。

20世纪60年代,钱鸣高[122-123]在铰接岩块假说和预成裂隙梁假说的基础上,结合矿井实测数据,提出了砌体梁理论。该理论认为,采场上覆岩层破断后排列整齐且相互铰接的坚硬岩块组成上覆岩层的主要结构并承载着软弱岩层的荷载。该理论解释了覆岩破断后形成的平衡条件以及支架与围岩的关系[124]。由于该理论是建立在覆岩为坚硬岩层的基础上的,所以该理论更适用于坚硬顶板条件的矿井工作面[125]。20世纪80年代,宋振骐[126-127]提出了传递岩梁理论,该理论认为,除了已垮落到采空区的直接顶外,直接顶之上的基本顶岩层破断呈假塑性状态,一端由工作面前方的煤壁支撑,另一端由采空区已垮落的矸石支撑,在工作面推进方向上形成高低不等的可传递水平力的裂隙岩梁。该理论进一步解释了采场覆岩压力传递路径,指出了高应力区存在内外应力场,并给出了采场周期性来压的移动步距,有效地指导了矿山安全生产[128]。1986年,钱鸣高等[129]、朱德仁[130]在Winkler弹性基础和Kirchhoff板力学模型的基础上,采用"板"代替"梁"的假设条件,研究了在四边固支、三边固支及一边简支、两边固支及两边简支、一边固支及三边简支的支撑条件下,基本顶岩层的初次破断形式及断裂裂纹演化过程。通过对模型试验、计算机模拟及现场监测等数据的分析,把基本顶断裂形式分为横 X 型、X 型和竖 X 型破坏,并通过试验证明了仅当基本顶发生横 X 型破坏时,工作面中部才能够采用"砌体梁"理论研究矿山压力,而对于其他情况则必须采用"板"的破坏理论对采场矿山压力进行研究,这极大地推动了有关基本顶破断规律研究的发展。1996 年,钱鸣高等[131]首次提出采场上覆岩层活动中的关键层理论,并对关键层的几何特征、岩性特征、变形特征、破断特征以及支撑特征进行了详述,建立了关键层的判别准则。该理论深入地分析了关键层作用下岩层的变形、离层以及破断规律,为采场岩层移动和矿山压力研究提供了一种全新的思想和方法[132-133]。

覆岩变形监测方法分为多种,传统实测方法包括地面钻孔观测,通过钻孔冲洗液消耗量判别覆岩变形破坏范围和裂隙带发育高度[134-135]。随着探测技术不断革新,相继出现了声速法、超声成像法以及钻孔电视成像技术等现场实测方法。这些方法工程量较大,花费时间较长,而电法探测、地震探测以及雷达探测等测试手段具有较强的适应性,广泛应用于覆岩变形破坏监测[136]。

用钻孔冲洗液消耗量判别覆岩变形破坏范围的方法通过直接测定钻进过程中钻孔内冲洗液消耗量、钻孔水位、钻进速度、掉钻记录、钻孔吸风以及地质描述等资料,综合判定岩层裂隙发育位置[137]。钻孔声速法指利用岩层破坏越严重,裂隙越发育,波速降低越明显的特点,根据钻孔中测得的声速变化曲线确定导水裂缝带高度[138]。钻孔超声成像法指通过向钻孔壁发射超声波脉冲并接收反射声波,由于裂隙吸收声阻抗而使其反射信号减弱,根据反射波强弱来判定覆岩变形破坏范围[139]。钻孔电视成像技术指利用地面监视器直接观测安放于钻孔内的摄像探头所捕获的图像形态,以识别岩层岩性、空洞、软弱夹层以及裂隙发育形态等多种信息,综合判定覆岩变形破坏范围[140-141]。大地电法测试技术指通过在煤层顶底板岩层中施工若干钻孔,并在孔内埋设一定数量的电极,形成空间探测剖面,根据采动进度获取不同时间的岩层电场变化情况,反演其三维立体电阻率值,从而得到采动覆岩的变形破坏范围[142]。微地震技术监测采场覆岩破坏规律的原理,是利用高灵敏度的地震检波器接收由采动应力释放形成的微地震信号,然后获得震源破裂的时间、位置、能量以及震源机制等信息,从而实现对采场覆岩变形破坏范围的探测[143-144]。地质雷达探测技术利用高频电磁波以宽屏带短脉冲的形式由地面通过天线发射至地下,经过地层或目标体反射后回到地面,从而根据接收到的电磁波在时间域和频率域的变化情况获得采场覆岩的变形破坏特征[145]。电测波层析技术,即 CT 探测技术,利用覆岩中不同介质对电磁波吸收性的差异,通过两钻孔间的扫描成像和数学处理以重建不同介质吸收系数的二维图像,进而推断地下岩层结构的变化特征[146-147]。

1.2.4 矿井顶板突水灾害预测与预警

矿井顶板突水灾害是采矿活动破坏上覆地层结构导致上覆水体通过采动裂隙通道涌入采煤工作面的一种动力灾害[148]。随着煤炭资源开采强度的增大,开采地质条件更为复杂(高地应力、高地温以及高扰动强度),致灾因素增多,如何实现矿井顶板突水灾害的有效预测与预警对于矿井安全生产具有重要意义。长期以来,国内外学者致力于探寻顶板突水灾害预测预警的途径和方法,开展了大量的工程实践与研究工作,并取得了丰富的成果。

国外对于矿井顶板突水灾害预测预警的研究起步较早。美国、俄罗斯以及加拿大等国在水文监测方面均处于国际领先水平[149-150]。20世纪60年代,英国矿务局颁布了海水下采煤条例,并对煤层采厚和采煤工艺做了严格规定。20世纪80年代,苏联颁布了水体下采煤规程,并根据覆岩厚度、煤层厚度及开采条件确定了煤层采厚和开采深度。20世纪90年代,日本开始利用摄像法和水质监测法对海水下煤层采动过程中海水溃井灾害进行了预警。

我国对于煤矿突水预测预警的研究起步较晚,且主要集中于底板突水灾害的预测预报[151-154]。针对矿井顶板突水灾害的预测预警仍需要做进一步的探讨和研究。武强等[155-156]针对我国煤矿面临的严峻顶板突水形势,提出了定量评价矿井顶板涌突水条件的"三图-双预测"法,并成功应用于开滦荆各庄矿和东欢坨矿。刘小松等[157]利用GIS构建了顶板突水模型,并对东滩煤矿顶板突水灾害进行了预测。底青云等[158]利用高分辨V6系统清晰地勘测出了矿体上盘灰岩中的溶洞、断层以及含水破碎带,为防治矿井水害隐患提供了一份明确的指导资料。王经明等[159]论证了煤矿水害的预警原理,提出了各类突水灾害的判别标准和预警级别确定方法,同时还介绍了水害预警的实现技术和远程监测技术,并将这些技术成功应用于淮北矿业(集团)有限责任公司。魏军等[160]采用灰色聚类分析方法,通过建立矿井突水预测模型对矿井突水灾害进行了评价。杨天鸿等[161]对采动岩层突水通道形成特征、突水岩层微震活动前兆信息和并行渗流耦合数值仿真结果进行了综合反演,揭示了突水前兆规律并确定了突水通道位置。狄效斌[162]对同忻井田的顶板突水因素进行了分析,并预测了未来开采下伏石炭系煤层的顶板突水地段主要集中于井田东北部。蔡明锋等[163]构建了矿井工作面水害安全预警系统,提出了系统三维结构图和总体框架,为建立工作面水害安全预警系统提供了一个新颖的实现方案。陈佩佩等[164]研究了矿井顶板突水预警机制,建立了顶板突水预警系统,并成功指导了灵东煤矿工作面的防治水工作。刘斌等[165]将三维电阻率层析成像法应用于矿井突水模型试验的监测过程中,证明了电阻率层析成像系统可以有效地反映出岩层断裂及渗流通道的形成过程,成功地捕捉到了突水灾害的一系列前兆信息。李树忱等[166]基于线性函数转换的归一化算法,发现了渗透压力、视电阻率和应力信息是较为理想的突水预报信息源。崔雪丽[167]建立了综采条件下顶板砂岩富水性预测评价模型,为深部矿井顶板富水性超前预测提供了参考。孙长礼等[168]分别采用自然电位变化效应、视电阻率效应和水压效应有效地预防了祁东煤矿顶板水害的发生。

1.2.5 存在的主要问题

采矿扰动使上覆岩土体变形破坏并造成其渗透性和损伤特性劣化的问题,是采矿工程中煤层顶板突水灾害防治和次生地表环境灾害治理的关键性难题。深入探究采动覆岩-土复合结构动态响应规律和顶板突水灾害预测与预警,对于矿井安全生产和生态环境保护具有重要的理论和工程实践意义。针对上述问题,众多国内外学者开展了大量的研究工作并取得了较为丰硕的成果,为实现矿井安全绿色开采和高产高效生产提供了强有力的理论和技术支撑。但仍需加强以下几个方面的研究:

① 以往对覆岩的物理力学特性与岩相学特征响应关系的研究,绝大多数是围绕石炭-二叠系含煤地层,缺乏对西部地区侏罗系含煤地层的岩相学特征的系统探究。这也是应用

于石炭-二叠系煤层开采诱发的导水裂缝带发育特征和矿压显现规律的理论和方法难以适用于侏罗系煤层采动上覆地层演化特征研究的重要原因。因此,从本质上探究侏罗系煤层上覆岩土体的组构特征与工程地质特性之间的定量关系,对于认识和掌握采动条件下上覆岩土体的变形破坏行为具有重要的理论意义。

② 煤层顶板突水灾害,是采矿扰动引起的上覆地层原始结构损伤和应力环境失衡使采动裂隙萌生、扩展和贯通,原岩渗透性急剧增大,上覆水体涌入采煤工作面而形成的一种动力灾害,是应力场和渗流场共同作用的结果。深入探讨不同采动应力路径条件下顶板覆岩在渐进损伤破裂过程中的力学行为及渗透性演化规律对于揭示煤层顶板突水机理具有广泛的理论意义。

③ 采场上覆岩土体动态演化规律是研究矿井顶板突水灾害的关键科学问题。现有的关于采动覆岩变形破坏规律的研究成果,多限于室内模拟仿真和传统原位测试(钻孔冲洗液消耗量、钻孔电视成像及地球物理探测技术等)。而上述方法的监测结果均反映某一时刻的静态情况,难以全面地获取整个采动过程中顶板覆岩变形破坏的动态演化规律,难以反映大变形条件下上覆地层的内部结构变化。因此,开展采动条件下上覆岩土体动态演化过程的实时持续性监测与定量研究对矿井顶板突水灾害防治具有重要的工程实践意义。

④ 煤层顶板突水灾害是多因素影响下多场耦合作用的结果,具有非线性、突发性以及隐蔽性等特点。现有的监测方法(机测式、电测式和地球物理方法)受场地条件和自身缺陷的限制而难以维系各预警参量的持续性监测,无法获取具有关联性的监测数据。因此,实现多预警参量实时持续性监测,构建多源信息融合的顶板突水灾害预测预警体系是矿井防治水工作亟待解决的重要课题。

1.3　主要研究内容及技术路线

关于采场上覆岩土体变形破坏规律的研究涉及岩体力学、沉积岩石学、工程地质学、水文地质学以及矿山压力与岩层控制等多学科知识的交叉。本书基于已有的研究成果,针对榆神府矿区金鸡滩煤矿 117 工作面超大采高综放开采条件下覆岩-土复合结构动态响应特征和顶板砂层潜水涌(突)水危险性预测与预警等问题,分别采用室内试验、现场实测、理论分析以及数值模拟等方法开展了系统研究。主要研究内容如下:

(1) 侏罗系煤层覆岩-土结构特征及其工程地质性质

利用现场钻探、物探技术对煤层上覆岩层、土层以及萨拉乌苏组砂层的分布规律进行探查,并通过单孔和连孔剖面分析上覆地层宏观结构特征;利用偏光显微镜、扫描电子显微镜(SEM)和 X 射线衍射仪(XRD)分别对上覆基岩和土层的物质组成和微观结构进行分析;利用电液伺服岩石压力试验机和非金属超声检测分析仪测定基岩和土层的物理力学参数;利用回归分析构建覆岩的岩相学参数与其物理力学参数之间的定量关系。

(2) 不同采动应力路径下覆岩损伤与渗透性演化规律

利用电液伺服岩石三轴压力试验机进行不同围压和渗透压力组合条件下的单调三轴压缩试验和轴向应力三轴循环加卸载试验,同步测定声发射信息和气体渗透率,分析两种不同应力加载路径条件下覆岩的变形和强度特征,探究岩石渐裂各阶段的损伤和渗透性演化规律。

(3) 超大采高综放采场覆岩-土复合结构动态演化规律

以金鸡滩煤矿 117 超大采高综放工作面为研究对象,综合利用分布式光纤传感技术和光纤光栅传感技术对采动上覆岩土体的变形破坏特征进行持续性监测,获取采动过程中覆岩-土复合结构动态演化规律和导水裂缝带动态发育高度。基于 117 工作面的地质资料和上覆地层的力学参数,采用离散元软件 3DEC 模拟采动过程中覆岩-土复合结构的变形破坏特征,并获取导水裂缝带发育高度。基于"关键层"理论,判定 117 工作面顶板覆岩中主关键层和亚关键层的位置,进而推导计算导水裂缝带发育高度。

(4) 顶板砂层潜水涌(突)水危险性预测与预警

基于 GIS 平台的空间分析技术,选定顶板砂层潜水水害的主控因素综合评价 117 工作面顶板砂层潜水涌(突)水危险性,并对危险性进行分区。此外,分别利用隔水层含水率、地面沉降以及第四系砂层潜水水位等多源信息对 117 工作面顶板砂层潜水涌(突)水危险区进行预警。利用深部岩土层含水量监测仪对上覆隔水土层的含水率变化进行实时监测,观测土层的隔水性变化;利用 RTK 测量仪监测地面沉降量,并结合潜水出露情况判别砂层潜水是否发生漏失;利用遥测水位计监测砂层潜水水位变化,观测潜水渗漏情况。通过上述方法对 117 工作面顶板砂层潜水涌(突)水危险性进行预测与预警。

本书的研究技术路线如图 1-5 所示。

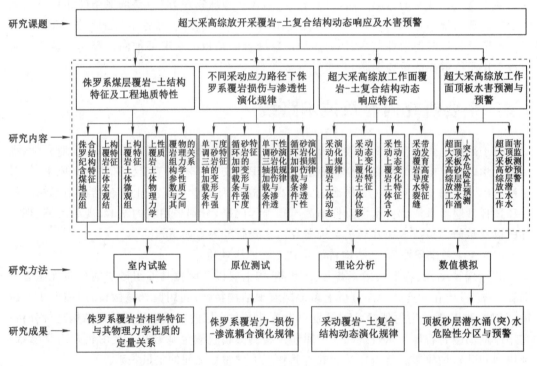

图 1-5 研究技术路线

2　研究区自然地理条件与地质概况

2.1　矿区概况

2.1.1　地理位置

金鸡滩煤矿位于陕北榆神府矿区南部,位于榆林市榆阳区境内,南距榆林市区 30 km,行政区划隶属于金鸡滩镇和孟家湾乡管辖(图 2-1)。井田东北与曹家滩煤矿相邻,东南与杭来湾煤矿相邻,西南与海流滩井田和薛庙滩井田相邻,西北与郭家湾井田相邻。井田长约 11.44 km,宽约 8.77 km,面积约为 98.52 km²,地理坐标为东经 109°42′32″~109°51′44″,北纬 38°28′15″~38°35′59″。金鸡滩煤矿划分为一盘区和二盘区,其中,矿井先期开采地段位于一盘区,为本次研究的重点区域。

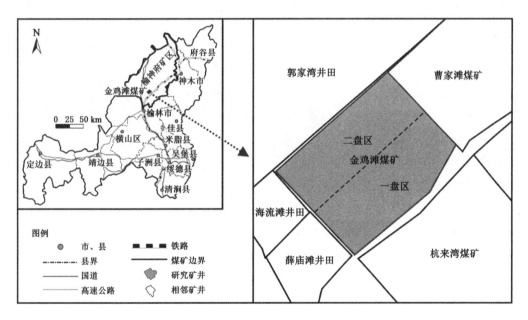

图 2-1　研究区位置示意图

2.1.2　地形地貌特征

本区地势较为平坦,地表高程为 1 182 m(二道河则)至 1 276 m(喇嘛滩),最大高差为

94 m。地形总体表现为东北高、西南低。区内大部被第四系风积沙覆盖,风积沙以固定沙为主,局部为半固定沙,植被覆盖较好,有利于降水入渗补给地下水。

本区地貌单元主要包括沙漠滩地、沙丘沙地、黄土丘陵以及河谷地貌(图 2-2)。沙漠滩地地势稍低于沙丘沙地,平坦开阔,微倾斜,大小不一,形态不规则,与沙丘沙地呈明显接触或过渡接触关系。沙丘沙地约占全区面积的三分之二,多为波状沙丘,沙丘多呈短条带状,起伏平缓,沙丘总体走向为北东东向,高差一般为 3~8 m。黄土丘陵为第四系离石组黄土出露,呈低矮的条带状梁峁地貌,主要分布于元瓦滩的西部和南部以及 J7 号钻孔一带。河谷地貌主要为二道河则和三道河则,由地表水侵蚀堆积形成,源头呈勺形,谷坡呈斜坡形,两侧不对称,河床较窄,河水蜿蜒流淌于其中。

(a) 沙漠滩地　　　　　　　　　　　　　　(b) 沙丘沙地

(c) 黄土丘陵　　　　　　　　　　　　　　(d) 河谷阶地

图 2-2　研究区地貌类型

2.1.3　气象条件

金鸡滩煤矿地处毛乌素沙漠边缘与黄土高原过渡地带,为典型的温带干旱-半干旱大陆性季风气候。季节性气候差异显著,春季多风,夏季炎热,秋季凉爽,冬季寒冷。冷热多变,昼夜温差悬殊,干旱少雨,蒸发量大,全年无霜期短,10 月初即开始上冻,次年 4 月初解冻。该区年平均降水量约为 381 mm(2005—2017 年),全年降水量分布不均匀,主要集中于 7、

8、9月,约占全年总降水量的2/3,年平均蒸发量约为1 985 mm(2005—2017年)。主要自然灾害为干旱和低温,春旱十分严重,其他灾害如霜冻、冰雹、大风以及沙尘暴时有发生。

2.2　地层与构造特征

2.2.1　地层岩性

研究区地表绝大部分被第四系沉积物覆盖,仅在万家小滩一带有小块基岩零星出露。据钻孔揭露,本区地层由老至新依次为:三叠系上统永坪组(T$_3$y),侏罗系下统富县组(J$_1$f),侏罗系中统延安组(J$_2$y)、直罗组(J$_2$z)、安定组(J$_2$a),新近系上新统保德组(N$_2$b),第四系中更新统离石组(Q$_2$l)、上更新统萨拉乌苏组(Q$_3$s)和全新统风积沙层(Q$_4^{eol}$),其中,侏罗系中统延安组为本区的主要含煤地层,现主采煤层为2^{-2}煤层。各地层特征详述如图2-3所示。

2.2.2　地质构造

研究区位于华北地台鄂尔多斯台向斜东翼-陕北斜坡上(图2-4)。地层总体为走向北东,倾向北西,倾角小于1°的单斜构造,局部存在宽缓的波状起伏。基底为前震旦系的坚硬结晶岩系。基底构造主要包括吴堡-靖边东西向、保德-吴旗北东向、榆林西-神木西北东向构造带。本区历史上的构造运动以垂向运动为主,形成了一系列平行不整合面,未发生较大断裂以及岩浆活动。

2.3　水文地质条件

2.3.1　地表水系

金鸡滩煤矿位于无定河支流榆溪河流域。区内主要河流为二道河则和三道河则,属长年性河流,均位于井田边界处。据资料显示,二道河则在井田内的流长约为1.9 km,平均流量为5 147 m³/d,于牛家梁乡李家伙场村东侧汇入榆溪河。三道河则在井田内的流长约为3.7 km,平均流量为13 022 m³/d,于牛家梁乡王化圪堵村南侧汇入榆溪河。此外,井田内地形平坦开阔,二道河则和三道河则在井田内切割较浅,两河流间无明显的分水岭。因上述两条河流均距离采煤工作面较远,且区内流程较短,对煤层开采基本无影响。井田内原有的一些湖泊,现多已淤平干涸,蓄水量很小。

2.3.2　含(隔)水层特征

研究区含水层自下而上分别为侏罗系中统延安组孔裂隙承压含水层、直罗组孔裂隙承压含水层、风化基岩孔裂隙承压含水层以及第四系风积沙与萨拉乌苏组砂层潜水含水层;相对隔水层自下而上主要包括侏罗系中统基岩隔水层(泥岩、砂质泥岩、粉砂岩)、新近系上新统保德组红土隔水层以及第四系中更新统离石组黄土隔水层。受陆相沉积环境影响,各含(隔)水层在垂向上旋回变化清晰有序,而在横向上的展布表现出显著差异,分段性和不连续性特征明显(图2-5)。各含(隔)水层赋存特征分述如下。

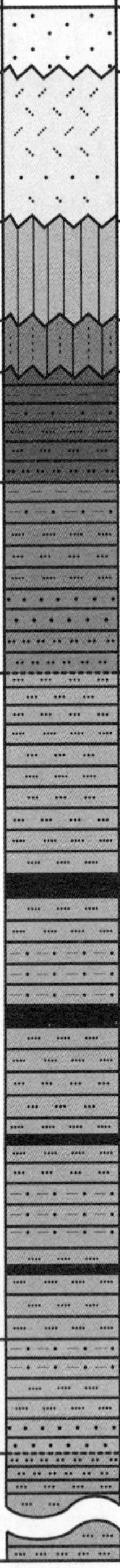

地层单位				岩性柱状	厚度/m 最小值—最大值 平均值	地层特征
界	系	统	组			
新生界 Kz	第四系 Q	全新统 Q₄	风积沙 Q_4^{eol}		$\dfrac{0\sim46.60}{8.02}$	岩性主要为黄色细砂、粉砂,质地均一,分选较好,磨圆度较差,含植物根系及黑矿物,松散
		上更新统 Q₃	萨拉乌苏组 Q_3s		$\dfrac{0\sim52.40}{21.21}$	岩性表层及上部主要为灰褐色粉细砂,灰黑色腐殖土、淤泥层、灰白色的粉质黏土及泥碳层(厚度为10 m左右)等;下部为灰白色中、粗砂层,含螺、蚌化石
		中更新统 Q₂	离石组 Q_2l		$\dfrac{0\sim65.95}{24.00}$	岩性以黄色、棕黄色亚黏土、亚砂土为主,局部夹多层粉砂,含分散状钙质结核,具垂直裂隙
	新近系 N	上新统 N₂	保德组 N_2b		$\dfrac{0\sim49.56}{22.51}$	岩性主要为浅红色、棕红色黏土及亚黏土,含不规则的钙质结核,呈层状分布
中生界 Mz	侏罗系 J	中罗统 统 系 J₂	安定组 J_2a		$\dfrac{0\sim47.04}{25.66}$	本组地层是在干旱气候条件下形成的河流相沉积。岩性单一,是一套紫红色、褐红色巨厚层状中、粗粒长石砂岩,具浅紫红色疙瘩状斑点,夹紫红色、灰绿色粉砂岩、砂质泥岩
			直罗组 J_2z		$\dfrac{75.26\sim164.17}{121.87}$	本组为一套河流相及湖泊相的碎屑沉积。下部为灰白色中、粗粒长石石英砂岩、岩屑长石砂岩,发育大型板状交错层理、块状交错层理,具有明显的底部冲刷。该砂岩中最显著的特征是含有浅灰白色的豆状斑点及少量黄铁矿结核,风化后呈瘤状突起。中上部为灰绿色至蓝灰色团块状粉砂岩、粉砂质泥岩、泥岩,夹中、细粒长石砂岩,具豆状斑点。顶部地段含灰黄色中、细粒砂岩
			延安组 J_1y		2⁻² 煤层 $\dfrac{210\sim280}{263.99}$	岩性以灰白色、浅灰色中粗粒长石砂岩、岩屑长石砂岩及钙质砂岩为主,次为灰至灰黑色粉砂岩、砂质泥岩、泥岩及煤层、碳质泥岩,局部地段夹有透镜状泥灰岩,枕状或球状菱铁矿结核及菱铁质砂岩、蒙脱质黏土岩。含可采煤层7~8层,主要可采煤层4层,总厚最大达24.72 m,单层最大厚度12 m,一般为中厚煤层。动物化石常见的有双壳纲和以费尔干蚌至延安蚌为主的动物组合
						本组为河流相沉积。下部岩性主要为粗粒石英砂岩、含砾粗粒石英砂岩,夹有石英细砾岩,其次为中粒、细粒长石石英砂岩,局部地段底部发育有砾岩。砾石成分由脉石英、燧石及硅质岩组成,砾石直径几毫米至150 mm不等,磨圆度中等,分选性差,填隙物为中细砂及粉砂。上部为灰绿色、灰褐色具紫斑、绿斑的粉砂岩、砂质泥岩,局部为灰黑色、深灰色砂质泥岩,坚硬,团块状
		下统 J₁	富县组 J_1f		$\dfrac{4.58\sim64.70}{28.97}$	该地层是陕北侏罗纪煤田含煤岩系的沉积基底,岩性为一套巨厚层状灰绿色中至细粒长石、石英砂岩,含大量云母及绿泥石,分选性及磨圆度中等,具大型板状交错层理、楔状层理及块状层理,局部含石英砾、灰绿色泥质包体及黄铁矿结核
	三叠系 T	上统 T₃	永坪组 T_3y		$80\sim200$	

图 2-3 研究区地层综合柱状图

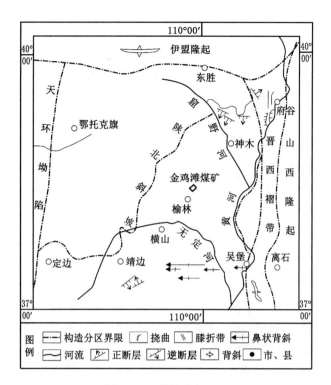

图 2-4 区域构造纲要图

（1）含水层

① 侏罗系中统延安组孔裂隙承压含水层

据钻孔揭露，一盘区延安组第五段含水层（2^{-2}煤层顶板）厚度为 3.00～61.20 m，平均为 32.65 m。该层段含水层岩性主要为中、细粒砂岩，局部为粗粒砂岩，多为泥质胶结或少量钙质胶结，结构致密，裂隙发育微弱。由图 2-6 可知，该组含水层全区发育，因受古直罗河冲刷影响，盘区西部和中部厚度分布较薄，西北部、东南部以及东北部厚度分布较大。

据抽水资料显示，该含水层段的统径统降单位涌水量为 0.001 346～0.029 6 L/(s·m)，为弱富水性含水层。渗透系数为 0.002 85～0.009 98 m/d。水化学类型为 $HCO_3^- \cdot SO_4^{2-}$-$Ca^{2+} \cdot Na^+ \sim SO_4^{2-}$-$Ca^{2+} \cdot Na^+$，矿化度为 0.402～0.720 g/L。

② 侏罗系中统直罗组孔裂隙承压含水层

钻孔揭露的一盘区内该组含水层厚度为 14.03～74.64 m，平均为 43.00 m。该层顶部为灰黄色中、细粒砂岩；中上部为灰绿色、蓝灰色团块状粉砂岩、粉砂质泥岩、泥岩，夹中、细粒长石砂岩，具豆状斑点；下部为灰白色中、粗粒长石石英砂岩、岩屑长石砂岩，发育大型板状交错层理、块状交错层理，具有明显的底部冲刷痕迹，多为泥质胶结，胶结疏松。由图 2-7 可知，该组含水层全区连续分布，盘区西南部和东北部的厚度分布较大，南部厚度分布相对较薄。

抽水资料显示该组含水层的统降统径单位涌水量为 0.017 6～0.023 2 L/(s·m)，为弱富水性含水层。渗透系数为 0.038 8～0.076 2 m/d。水质类型为 HCO_3^--$Na^+ \cdot Ca^{2+} \sim HCO_3^-$-$Ca^{2+} \cdot Na^+ \cdot Mg^{2+}$，矿化度为 0.334～0.376 g/L。

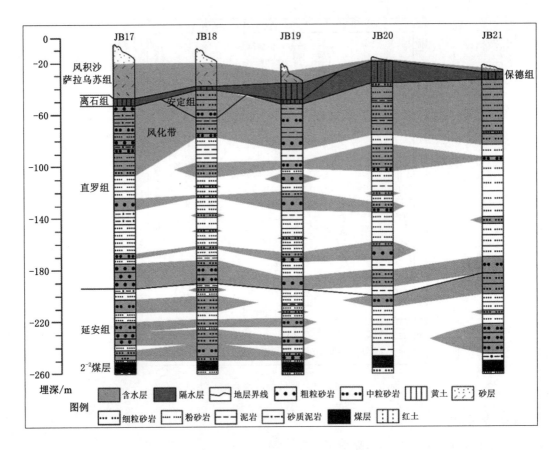

图 2-5　含(隔)水层空间分布特征

③ 风化基岩孔裂隙承压含水层

一盘区风化基岩含水层厚度为 9.36～67.65 m,平均为 36.22 m。岩性以杂色的粉砂岩、泥岩、中粒砂岩及粗粒砂岩为主,结构疏松,裂隙较发育。其富水性受基岩岩性、风化程度、基岩顶界起伏情况和上覆含水层特征等因素的影响。由图 2-8 可知,该层段含水层区内连续分布,盘区中部厚度分布较大,西北部和东南部厚度相对较薄。

据抽水资料可得,风化基岩含水层的统降统径单位涌水量为 0.043 9～0.381 0 L/(s·m),表明该含水层富水性属弱-中等型。渗透系数为 0.025 3～1.259 0 m/d。水化学类型以 HCO_3^--Na^+·Ca^{2+} 为主。此外,在其上覆红土隔水层缺失或黄土层厚度较薄的地段,风化基岩裂隙水与上覆萨拉乌苏组砂层潜水存在一定的水力联系,可能构成统一的含水体,从而导致风化基岩裂隙承压水水量增大,给矿井防治水工作带来较大的安全隐患。

④ 第四系风积沙与萨拉乌苏组砂层孔隙潜水含水层

第四系砂层孔隙潜水含水层是研究区地下水的主要富集层,是维系该区生态环境良性发展的珍贵水源,同时也是矿井工作面顶板水害防治的重点对象。其含水介质为一套第四纪晚更新世形成的河湖相松散堆积层。钻孔揭露的该地层厚度为 1.30～55.40 m,平均为 27.76 m(图 2-9)。风积沙岩性多以浅黄色细砂为主,结构松散;萨拉乌苏组砂层岩性多以灰褐色粉细砂、灰黑色腐殖土、淤泥层、粉砂及泥质条带透镜体为主[图 2-10(d)],结构松

图 2-6 侏罗系中统延安组孔裂隙承压含水层厚度分布等值线图(单位:m)

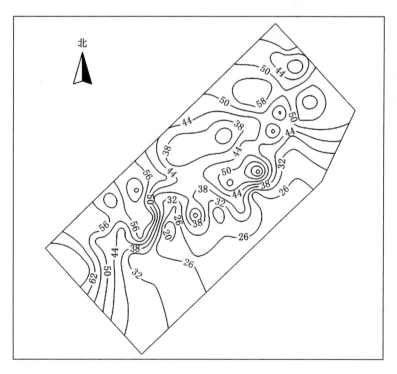

图 2-7 侏罗系中统直罗组孔裂隙承压含水层厚度分布等值线图(单位:m)

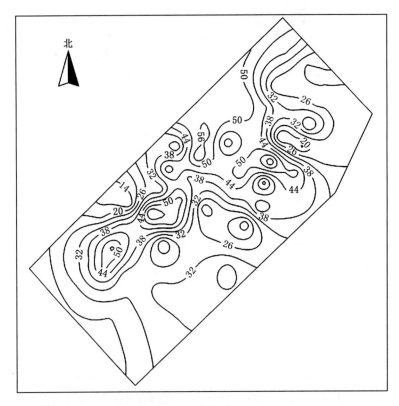

图 2-8   风化基岩孔裂隙承压含水层厚度分布等值线图(单位:m)

散,极易接受大气降水补给。由图 2-9 可知,该组含水层全区均有分布,盘区东北部和南部厚度分布较大,东南部和西北部厚度相对较薄。

抽水资料表明萨拉乌苏组砂层潜水含水层统降统径单位涌水量为 0.078～0.287 L/(s·m),富水性弱-中等,富水性差异显著。渗透系数为 0.063 6～3.443 6 m/d。水化学类型为 $HCO_3^- -Ca^{2+} \cdot Na^+ \sim HCO_3^- \cdot SO_4^{2-} -Ca^{2+} \cdot Na^+$,矿化度为 0.250～0.434 g/L。

(2) 相对隔水层

① 新近系上新统保德组红土隔水层

钻孔揭露该组隔水层厚度为 0～49.56 m,平均为 5.54 m(图 2-11)。岩性为浅红色、棕红色黏土及亚黏土,含不规则状钙质结核,结构致密,富水性极差。由图 2-11 可知,该组红土层分布不连续,盘区西南部和东部厚度分布较大,中部有零星分布,其他区域缺失。室内变水头试验测得红土的天然渗透系数为 0.001 6～0.002 5 m/d,天然状态下具有良好的隔水性。

② 第四系中更新统离石组黄土隔水层

一盘区黄土隔水层厚度为 0～47.52 m,平均为 15.71 m(图 2-12)。岩性以灰黄至黄色亚砂土、亚黏土为主,局部夹中、细砂,裂隙较发育[图 2-13(b)]。由图 2-12 可知,区内黄土层呈片状连续分布,零星缺失,盘区东南部厚度分布较大,中部厚度较薄。现场压水试验测得黄土的天然渗透系数为 0.004 87 m/d,天然状态下具有一定的隔水性。

图 2-9　第四系风积沙与萨拉乌苏组砂层孔隙潜水含水层厚度分布等值线图(单位:m)

（a）延安组基岩　　　　　　　　　（b）直罗组基岩

（c）风化基岩　　　　　　　　　（d）萨拉乌苏组砂层

图 2-10　各含水层岩性特征

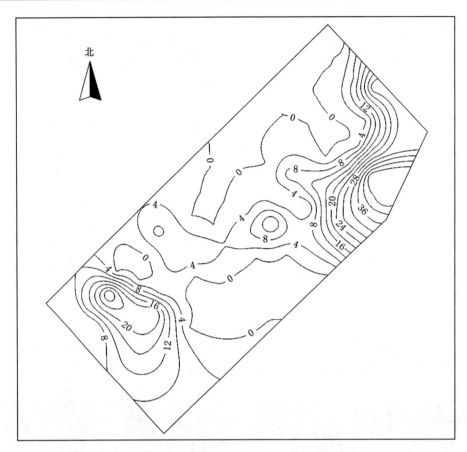

图 2-11　保德组红土隔水层厚度分布等值线图(单位:m)

2.3.3　地下水补给、径流和排泄条件

(1) 第四系砂层孔隙潜水的补给、径流和排泄条件

研究区内第四系松散砂层潜水主要接受大气降水的直接补给,大气降水除少量蒸发外,绝大部分入渗补给地下潜水。补给量受降水量、降水强度以及地形地貌等条件的制约,季节变化影响显著。其次为区域砂层潜水侧向补给,受凝结水补给较微弱。

砂层潜水径流受地形地貌和基岩起伏形态控制,径流方向为沿黄土顶界面由东北向西南潜流运移,井田内无明显分水岭,水力坡度较缓。在地势低洼的河谷地带,砂层潜水以潜流和泉水的形式向河流排泄;在风沙滩地地势低洼和地下水位埋藏较浅的地段,砂层潜水以蒸发的形式排泄;还存在少量的植物蒸腾和人工开采排泄;此外,砂层潜水在土层缺失区与风化基岩含水层存在一定的水力联系。

(2) 中生界碎屑岩孔裂隙承压水的补给、径流和排泄条件

基岩孔裂隙承压含水层的补给主要来自侧向径流补给和上覆砂层潜水越流补给。在井田西部局部基岩出露区或松散层减薄区段,基岩含水层直接接受大气降水补给和地表水沿岩石裂隙入渗补给。基岩承压水的径流方向基本沿岩层倾向由东向西或西南方向运移。部分通过"天窗"以顶托的形式排泄补给上覆含水层,同时存在少量的人工开采排泄。

图 2-12　离石组黄土隔水层厚度分布等值线图(单位:m)

（a）保德组红土

（b）离石组黄土

图 2-13　各隔水层岩性特征

2.4　本章小结

　　(1) 研究区位于陕北干旱-半干旱地区,地表水资源匮乏,生态环境脆弱。区内地势较平坦,地貌类型以沙丘沙地为主。区内年平均降水量较少且分布不均匀,年平均蒸发量较大。

　　(2) 研究区主要含煤地层为侏罗系中统延安组,主采 2^2 煤层。区内构造简单,未发现较大断层和岩浆活动痕迹。

（3）研究区主要含水层自下而上分别为基岩孔裂隙承压含水层、风化基岩孔裂隙承压含水层以及第四系砂层潜水含水层，其中，砂层潜水含水层富水性较强，为矿井工作面顶板水害防治的重点对象。主要隔水层为保德组红土和离石组黄土，其中，区内红土大部缺失，黄土呈片状连续分布。各含（隔）水层横向展布变化无序，表现出明显的非连续性。

3 侏罗系煤层覆岩-土结构特征及工程地质性质

受早期沉积环境和后期构造变动及自然风化作用影响,煤层上覆岩土体处于复杂的地质应力环境中,具有不连续性、非均质性和各向异性等显著特征。采场上覆岩土体的工程地质特性制约着其在采动条件下的变形破坏行为,对揭示导水裂缝带发育特征和覆岩运动规律具有广泛的基础意义。此外,覆岩土体的工程地质性质取决于其宏观结构和微观组构特征[169]。因此,分别从宏观和微观角度系统研究 2-2 煤层上覆岩土体的结构特征及其工程地质性质,可为阐明采动覆岩土体演化规律提供基础信息。

3.1 上覆地层组合结构特征

研究区 2-2 煤层顶板覆岩形成于陆相沉积环境,为具有层状结构的复杂地质组合体[170]。采动条件下,覆岩运动演化规律是不同岩性组合体在时间和空间上相互作用的综合体现。因此,从整体上划分研究区煤层顶板覆岩结构组合类型可为覆岩运动分析提供基础信息。

根据覆岩赋存层位、垮落特征及其力学性能,煤层顶板由下至上划分为伪顶、直接顶以及基本顶[171]。据钻孔资料可得,研究区 2-2 煤层伪顶主要为深灰色泥岩和砂质泥岩、灰-灰黑色粉砂岩夹碳质泥岩薄层,泥质结构,块状层理,含碳化植物茎叶化石[图 3-1(a)(b)];直接顶主要为厚层状灰-灰白色粉砂岩、细粒砂岩,泥质胶结,水平层理,含炭屑[图 3-1(c)(d)];基本顶主要为巨厚层状深灰-灰白色粉砂岩、细粒砂岩和中粒砂岩,局部粗粒砂岩,泥质胶结或局部钙质胶结,交错层理或块状层理,含植物碎屑化石[图 3-1(e)(f)]。伪顶、直接顶和基本顶的结构特征及其工程地质性质具有明显差异,三者之间的组合关系影响着采场覆岩运动演化规律。

基于一盘区内 61 个勘探钻孔成果,根据 2-2 煤层上覆含水层和隔水层及其空间赋存特征和组合结构,将研究区顶板工程地质结构类型划分为 4 类,即砂-黄土-红土-基岩型(Ⅰ)、砂-黄土-基岩型(Ⅱ)、砂-红土-基岩型(Ⅲ)以及黄土-基岩型(Ⅳ)(图 3-2)。

Ⅰ型自下而上由侏罗系基岩、新近系保德组红土、第四系离石组黄土以及第四系风积沙和萨拉乌苏组砂层构成。该型结构全区分布范围较广,占全区的 24.59%。其特征为砂层、土层(红土、黄土)厚度均较大,且砂层为本区的主要含水层,土层为主要隔水层且红土隔水性能良好,对导水裂缝带发育具有抑制作用,对保水采煤十分有利。

Ⅱ型自下而上由基岩、黄土以及松散砂层组成。该型结构全区分布范围广泛,占全区的 62.30%。其特征为砂层和黄土厚度较大,红土缺失。由于黄土的隔水性能较红土差,因此在黄土层减薄区段需加强顶板水害防控措施以实现保水采煤的目的。

Ⅲ型自下而上由基岩、红土以及松散砂层组成。该型结构全区分布范围有限,占全区

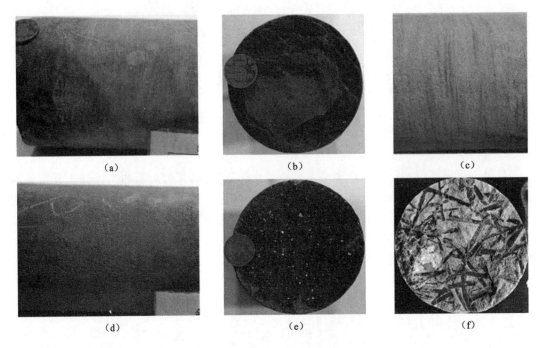

图 3-1　2⁻²煤层顶板覆岩结构特征

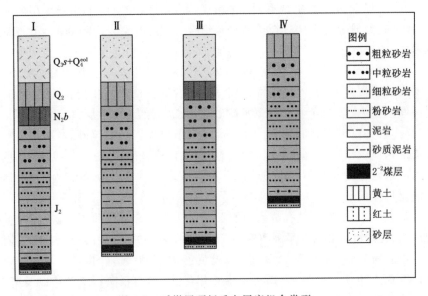

图 3-2　2⁻²煤层顶板垂向层序组合类型

的 11.48%。其特征为砂层厚度较大,红土厚度变化较大,黄土缺失。尽管红土层的隔水性能良好,但在红土层减薄区段一旦受采矿扰动破坏,极易沟通上覆砂层潜水含水层而形成顶板突水灾害。因此,此型结构顶板要加强防控措施以避免顶板突水事故。

Ⅳ型自下而上由基岩和黄土组成。该型结构全区零星分布,仅占全区的 1.64%。其特征为黄土厚度较大,松散砂层和红土缺失。此型结构顶板因缺失砂层潜水含水层,难以形成顶板突水灾害且不具保水意义。

3.2 上覆岩土体宏观结构特征

3.2.1 岩体结构特征

岩体结构由结构体和结构面两个结构单元组成,两者之间的排列组合特征对岩体的工程地质性质起着控制性作用。岩体结构面的形成受早期沉积作用、成岩作用以及后期构造变动影响,它的存在破坏了岩体结构的完整性,劣化了岩体的力学性能。大量工程实践表明,采动岩体的失效失稳通常不是岩石结构体本身破坏引起的,而是岩体结构面失稳导致的。尤其在采矿工程中,顶板岩体结构面控制着岩体的稳定性和变形破坏特征,极易引起岩体沿结构面发生滑移失稳。

基于沉积岩体结构面成因分类[172],结合研究区钻孔揭露的 2^{-2} 煤层顶板覆岩软弱结构面赋存特征,将其分为层理、岩层界面、软弱夹层和裂隙。

(1)层理

层理是沉积岩区别于其他两大岩类的重要成因标志,它是由沉积物的物质成分、结构以及颜色等特征在垂向上的突变或渐变而表现出来的一种原生层状构造。层理的出现反映了沉积条件或沉积作用的变化,它的存在破坏了岩体的连续性,导致岩体呈现非均一性,造成岩体力学性能呈现各向异性。

层理类型可划分为水平层理、平行层理、交错层理、波状层理以及斜层理等[173]。研究区顶板砂岩中普遍发育水平层理、平行层理以及交错层理[图 3-3(a)(b)]。水平层理多发育于延安组粉砂岩和细粒砂岩中,形成于水动力较稳定的沉积环境中;平行层理和交错层理多发育于直罗组细粒砂岩、中粒砂岩及粗粒砂岩中,形成于水动力较强的沉积环境中。此外,层理面多被碳化植物化石充填[图 3-3(c)(d)],削弱了纹层之间的黏结作用。因此,在岩体受外力作用过程中,易产生沿层理面的剪切滑移破坏或垂直层理面的张裂破坏。

(2)岩层界面

岩层界面指限定同一时期和同一岩性岩层的顶、底界面,主要是由沉积间断形成的不连续面。岩层界面的形态和空间分布特征对岩体力学效应和破断机理具有重要的影响。

研究区顶板岩层界面多为粗粒砂岩与粉砂岩分界面[图 3-4(a)]、泥岩与煤层分界面[图 3-4(b)]以及砂岩与泥岩分界面。垂向上表现为上下岩性特征差异明显,颗粒粒度变化较大,界面结构清晰。由于上下岩层物性之间的差异,岩层界面黏结力变弱,采动条件下易产生沿岩层界面的离层破坏。

(3)软弱夹层

软弱夹层指夹在坚硬岩体中的薄层特殊地质结构体,其质地软弱、力学性质较差,控制着岩体的稳定性[174]。与围岩相比,软弱夹层的工程地质性质较差,压缩性较高。软弱夹层作为赋存于岩体中的薄弱不连续面,极易受到采矿扰动而首先发生失稳破坏,导致岩体沿层面发生垮落。

研究区 2^{-2} 煤层顶板覆岩中的软弱夹层多为煤线赋存于坚硬围岩中,煤线厚度不等,极

（a）水平层理　　　　　　　　　　　（b）平行层理

（c）碳化树干化石　　　　　　　　　（d）碳化植物叶化石

图 3-3　顶板砂岩层理赋存特征

（a）粗粒砂岩与粉砂岩分界面　　　　　　（b）泥岩与煤层分界面

图 3-4　顶板岩性界面赋存特征

易破碎(图 3-5)。一方面,煤线的存在破坏了围岩的连续性和完整性,削弱了岩体的力学性能;另一方面,煤线本身容易破碎,黏结作用较弱。当煤层顶板处于悬空状态时,岩体易沿软弱夹层面发生脱落。

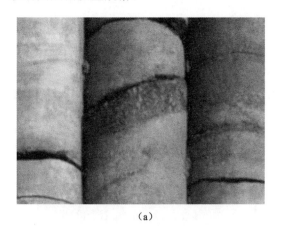 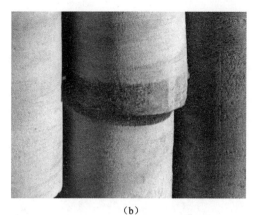

（a）   （b）

图 3-5　顶板软弱夹层赋存特征

（4）裂隙

岩体是包含大量裂隙缺陷的复杂地质体,工程岩体失稳破坏的诱因往往是岩体中原生裂隙的扩展和贯通[175]。岩体的变形破坏行为不仅与裂隙的长度、密度有关,还与裂隙的产状和连通性具有紧密联系。

研究区 2^{-2} 煤层顶板砂岩发育大量的宏观裂隙和微裂隙,形状不规则,分布无序,且多被炭屑充填(图 3-6)。当岩体受外力作用时,裂隙的存在容易引起岩体局部应力集中而诱发岩体破坏;当裂隙存在一定倾角时,岩体极易发生沿裂隙面的剪切破坏。

 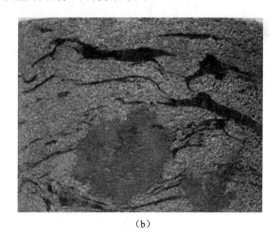

（a）   （b）

图 3-6　顶板覆岩裂隙发育特征

3.2.2　土体结构特征

（1）第四系中更新统离石组黄土

据钻孔揭露,离石组黄土以亚砂土、亚黏土为主,呈浅黄-棕黄色,质地均一,结构较疏松,虫孔发育,含不规则状钙质结核[图 3-7(a)]。研究区黄土层中常夹有砂层,上分层黄土含砂量较大,手捏易碎,较松散,含植物根茎;下分层黄土塑性较好,手捻具明显细腻感。

（a）黄土　　　　　　　　　　　　　　　　　（b）红土

图 3-7　黄土和红土的宏观结构特征

（2）新近系上新统保德组红土

研究区保德组红土以亚黏土为主,呈棕红色,结构均匀致密,可塑性强,含不规则状钙质结核和黑色腐殖质[图 3-7(b)]。

3.3　上覆岩土体微观组构特征

岩石(土)的微观组构特征包括其物质组成以及组成成分的大小、形状、排列形式及其连接方式[176]。本节分别利用偏光显微镜、X 射线衍射仪以及扫描电子显微镜对研究区 2^{-2} 煤层上覆岩土体的组成成分和微观结构特征进行分析。

3.3.1　覆岩微观组构特征

3.3.1.1　砂岩微观组构特征

砂岩的微观组构特征包括其矿物组成和内部结构特征,且结构特征包括矿物颗粒本身的结构特征及其分布特征[177]。利用偏光显微镜对 16 个顶板砂岩样品的结构特征和组成成分进行分析和定量统计。

（1）砂岩微观结构特征

利用 ZEISS Axioskop 40 型偏光显微镜的单偏光和正交偏光系统,在 50 或 100 倍放大视野条件下,按一定的移动步距摄取砂岩样品的镜下显微照片,并进一步分析统计砂岩样品的结构参数。部分砂岩样品的显微照片和矿物颗粒粒度分布特征如图 3-8 所示。

① 粒度特征

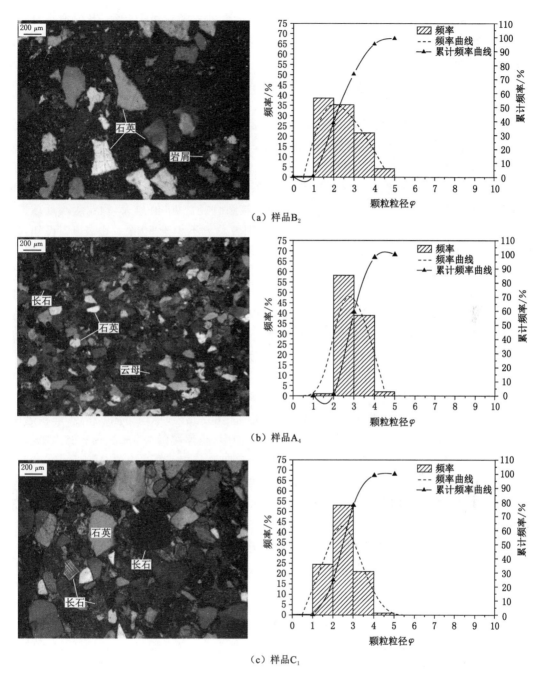

（a）样品 B₂

（b）样品 A₄

（c）样品 C₁

图 3-8　砂岩的微观结构及其粒度特征

首先，利用粒度测量软件测定各个砂岩样品薄片中的矿物颗粒的视长轴 D_{mm}。每个样品最终测定的粒径大于或等于 31.25 μm（即小于或等于 $5D_\varphi$）的颗粒总数不少于 400 个[178]。其次，基于伍登-温德华的 φ 值粒级标准，利用公式 $D_\varphi = -\log_2 D_{mm}$ 换算可得对应于 D_{mm} 的 φ 值 D_φ。最后，为了消除切片效应的影响，需利用公式 $\varphi = 0.3815 + 0.9027 D_\varphi$ 校正颗粒视长轴 D_φ 以获取校正后的颗粒粒径 φ 值。

不均匀系数 C_u 表征砂岩粒度的均一性,用于定量砂岩颗粒级配特征,其值愈小,砂岩的矿物颗粒大小分布愈均匀。计算公式为 $C_u = d_{60}/d_{10}$,其中,d_{60} 和 d_{10} 分别表示累计百分含量为 60% 和 10% 的颗粒直径[179]。由表 3-1 可知,砂岩样品的平均粒径(φ 值)为 1.99~5.40,平均为 3.28,以细粒为主。不均匀系数为 1.17~1.97,平均为 1.50。

② 碎屑颗粒形态

用以表征砂岩矿物颗粒形态的定量参数包括颗粒分形维数 F_d 和球度 Ψ_p。分形维数用于表征矿物颗粒边界的光滑程度[180],计算公式为 $F_d = \log_p d$,其中,p 为碎屑颗粒的周长,d 为与碎屑颗粒面积相同的等效圆直径。F_d 值愈大,矿物颗粒边界愈光滑。球度用于表征碎屑颗粒的形状接近球体的程度[181],计算公式为 $\Psi_p = (D_{max}/D_{min})^{1/2}$,其中 D_{max} 和 D_{min} 分别为碎屑颗粒的最大内切圆直径和最小外接圆直径。Ψ_p 值愈大,颗粒愈接近球形。测定过程中,每个砂岩样品薄片随机选取的矿物颗粒总数不少于 50 个。由表 3-1 可知,矿物颗粒的分形维数为 0.70~0.81,平均为 0.76;球度为 0.67~0.74,平均为 0.72。

③ 砂岩碎屑颗粒之间关系

砂岩碎屑颗粒之间关系的表征参数包括矿物颗粒的排列形式、接触类型以及接触性质。其中,颗粒排列形式包括堆积密度(P_d)、堆积趋向性(P_p)和结构系数(TC),表征砂岩内部碎屑颗粒分布的致密程度。颗粒接触类型包括悬浮接触、点接触、线接触、凹凸接触以及缝合线接触,表征碎屑颗粒之间接触的紧密程度(图 3-9)。接触性质包括颗粒-颗粒接触、颗粒-胶结物接触、颗粒-杂基接触以及颗粒-空隙接触。测定过程中,统计每个薄片沿 5 条刻度线上的相关信息,最终汇总计算获取以上定量参数[182]。

由表 3-1 可知,砂岩样品的堆积密度为 27.68%~60.22%,平均为 48.26%;堆积趋向性 30.00%~54.04%,平均为 41.99%。接触类型中,悬浮接触为 45.00%~68.42%,平均为 56.56%,比重最大;其次为点接触、线接触和凹凸接触,其平均值分别为 19.98%、16.64% 和 6.81%;此外,碎屑颗粒之间不存在缝合线接触。接触性质以颗粒-颗粒接触和颗粒-杂基接触为主,其平均值分别为 42.74% 和 39.65%;其次为颗粒-胶结物接触和颗粒-空隙接触,其平均值分别为 11.80% 和 5.81%。

结构系数为表征砂岩碎屑颗粒排列定向性的综合参数[183]。其计算公式为:

$$TC = AW \times \left[\left(\frac{N_0}{N_0 + N_1} \times \frac{1}{FF_0} \right) + \left(\frac{N_1}{N_0 + N_1} \times AR_1 \times AF_1 \right) \right] \tag{3-1}$$

式中,TC 为结构系数;AW 为碎屑颗粒堆积权重,即选择区域内所有颗粒的总面积与选择区域面积之比;N_0 为长宽比低于预设判别水平"2"的颗粒总数;N_1 为长宽比高于预设判别水平"2"的颗粒总数;FF_0 为长宽比低于预设判别水平"2"的碎屑颗粒的判别形状因子的算术平均值;AR_1 为长宽比高于预设判别水平"2"的碎屑颗粒的长宽比的算术平均值;AF_1 为所有长宽比高于预设判别水平"2"的碎屑颗粒排列方向的角度值。测定过程中,每个砂岩样品薄片中至少应随机选取 50 个碎屑颗粒以统计其上述相关参数。由表 3-1 可知,其值为 0.38~0.92,平均为 0.68。

(2)砂岩物质组成

砂岩的物质组分主要为石英、长石以及云母等矿物,且上述矿物在单偏光和正交偏光条件下均表现出独特的光学特性。统计过程中,选取砂岩样品薄片镜下具有代表性的视域,利用目镜刻度线逐个量测各个碎屑矿物占目镜刻度线的格数。统计的碎屑颗粒数量不

表3-1 砂岩样品的岩相学参数

样品编号	埋深/m	粒度特征		颗粒形态		堆积密度/%	排列形式		接触类型/%			
		平均粒径	不均匀系数	分形维数	球度		堆积趋向性	结构系数	悬浮接触	点接触	线接触	凹凸接触
B₁	24.34	4.02	1.30	0.75	0.70	49.98	42.86	0.61	56.00	24.00	16.00	4.00
A₁	27.90	4.05	1.28	0.74	0.72	38.73	36.67	0.63	60.87	8.70	23.91	6.52
B₂	36.32	2.35	1.97	0.79	0.72	51.05	33.93	0.79	67.86	10.71	14.29	7.14
A₂	64.12	2.22	1.94	0.77	0.70	50.22	30.00	0.79	68.42	5.26	21.05	5.26
A₃	69.38	4.94	1.21	0.70	0.70	27.68	52.20	0.38	45.00	30.00	20.00	5.00
A₄	87.02	2.89	1.36	0.77	0.73	57.97	52.73	0.76	47.62	28.57	14.29	9.52
A₅	97.65	3.40	1.32	0.76	0.71	34.00	43.75	0.45	54.17	20.83	20.83	4.17
C₁	109.39	2.47	1.71	0.79	0.74	50.76	30.71	0.69	65.52	24.14	10.34	0
A₆	110.25	3.17	1.46	0.77	0.73	54.26	42.89	0.76	57.14	14.29	19.05	9.52
A₇	110.35	2.96	1.47	0.77	0.73	56.84	40.01	0.83	60.00	33.33	6.67	0
A₈	129.12	3.48	1.39	0.76	0.69	54.66	46.68	0.72	53.33	33.33	6.67	6.67
A₉	179.33	5.40	1.17	0.70	0.72	34.60	54.04	0.42	45.00	35.00	10.00	10.00
A₁₀	197.82	4.42	1.28	0.70	0.67	42.87	43.27	0.62	52.38	23.81	14.29	9.52
C₂	242.87	1.99	1.81	0.81	0.73	55.01	32.50	0.75	61.11	16.67	16.67	5.56
C₃	255.04	2.24	1.87	0.80	0.74	53.26	43.75	0.74	55.56	11.11	22.22	11.11
C₄	429.55	2.53	1.52	0.79	0.74	60.22	45.83	0.92	55.00	0	30.00	15.00
平均值	135.65	3.28	1.50	0.76	0.72	48.26	41.99	0.68	56.56	19.98	16.64	6.81
标准差	105.55	1.03	0.27	0.04	0.02	9.70	7.61	0.15	7.23	10.82	6.41	3.94
变异系数	0.78	0.31	0.18	0.05	0.03	0.20	0.18	0.23	0.13	0.54	0.39	0.58

表 3-1(续)

样品编号	接触性质/%				组成成分/%						
	颗粒-颗粒	颗粒-胶结物	颗粒-杂基	颗粒-空隙	石英	长石	云母	岩屑	杂基	胶结物	有机质
B₁	44.00	0	52.00	4.00	36.73	26.91	4.18	3.91	28.26	0	0
A₁	36.96	30.43	21.74	10.87	17.67	28.67	3.67	1.67	20.14	28.19	0
B₂	32.14	0	64.29	3.57	48.00	12.00	1.67	10.00	28.33	0	0
A₂	31.58	0	68.42	0	48.33	30.67	2.00	13.33	5.67	0	0
A₃	55.00	0	35.00	10.00	40.67	10.00	13.00	7.00	24.33	0	5.00
A₄	52.38	38.10	0	9.52	40.67	19.33	15.67	10.00	0	14.33	0
A₅	45.83	16.67	33.33	4.17	25.00	30.67	3.33	6.00	23.33	11.67	0
C₁	31.03	51.72	10.34	6.90	38.56	31.60	1.74	6.64	3.57	17.88	0
A₆	42.86	0	52.38	4.76	30.67	34.67	15.67	3.33	9.00	0	6.67
A₇	40.00	0	53.33	6.67	29.33	22.67	9.67	11.67	18.00	0	8.67
A₈	46.67	6.67	40.00	6.67	42.33	26.67	15.33	4.00	6.57	1.10	4.00
A₉	55.00	0	35.00	10.00	51.33	11.67	8.33	5.33	23.33	0	0
A₁₀	47.62	28.57	19.05	4.76	39.33	7.67	2.00	11.00	15.47	23.20	1.33
C₂	33.33	5.56	50.00	11.11	17.68	26.63	0.84	18.51	23.27	2.59	10.49
C₃	44.44	11.11	44.44	0	13.98	53.12	5.93	5.65	17.06	4.27	0
C₄	45.00	0	55.00	0	8.54	44.23	10.99	16.96	19.28	0	0
平均值	42.74	11.80	39.65	5.81	33.05	26.07	7.13	8.44	16.60	6.45	2.26
标准差	7.98	16.57	19.26	3.83	13.16	12.32	5.53	4.90	9.00	9.50	3.57
变异系数	0.19	1.40	0.49	0.66	0.40	0.47	0.78	0.58	0.54	1.47	1.58

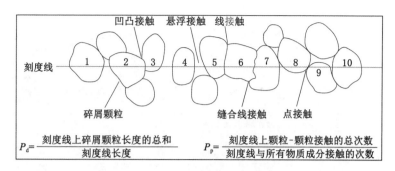

图 3-9　砂岩碎屑颗粒接触示意图

少于 150 个[184]。最终汇总计算,获得砂岩样品中各种矿物的相对百分含量。

由表 3-1 可知,砂岩样品的组成成分以石英和长石为主,其平均含量分别为 33.05% 和
26.07%;其次为杂基、岩屑、云母、胶结物以及有机质,其平均含量分别为 16.60%、8.44%、
7.13%、6.45% 和 2.26%。

3.3.1.2　泥岩微观组构特征

（1）泥岩微观结构特征

利用 Quanta 250 型环境扫描电子显微镜对 2⁻² 煤层顶板泥岩的微观结构进行分析,并
摄取泥岩显微照片(图 3-10)。由图 3-10 可知,泥岩结构较致密,裂隙不发育,可见少量粒间
孔隙;石英、长石构成颗粒骨架,分布不规则,以点接触为主;可见少量黏土矿物附着于大颗
粒边缘或填充于大颗粒之间孔隙。

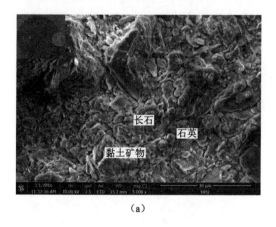

（a）

（b）

图 3-10　泥岩的微观结构特征

（2）泥岩矿物组成

利用 D/max-1200 型 X 射线衍射仪测定 23 个顶板泥岩样品的矿物组成及其含量(图 3-11)。
测试结果表明,泥岩样品的矿物成分以石英为主,为 37.06%~87.55%,平均为 55.15%;其
次为黏土矿物,总含量为 12.45%~34.31%,平均为 26.67%,以高岭石和伊利石为主,蒙脱
石含量较少;长石总含量较少,其中,钠长石和微斜长石的平均含量分别为 10.13%
和 8.05%。

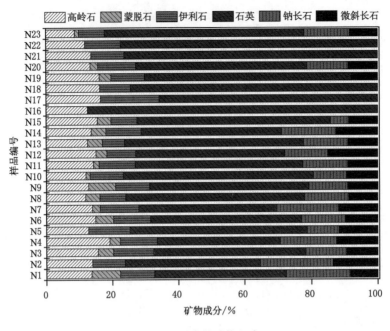

图 3-11　泥岩的矿物组成

3.3.2　土体微观结构特征

土的微观结构特征指组成颗粒的大小、形状及排列方式以及土粒间连接方式和孔隙特征的总称[185]。利用扫描电子显微镜对研究区保德组红土的内部结构进行分析，其微观结构特征如图 3-12 所示。

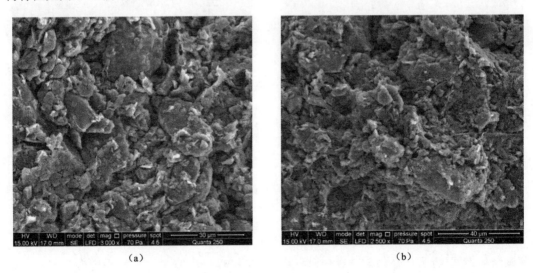

（a）　　　　　　　　　　　　　　　（b）

图 3-12　保德组红土的微观结构特征

由图 3-12 可知，红土的骨架颗粒主要为粒状颗粒，少量为凝块状颗粒；组成颗粒呈粒状或片状，形状不规则；颗粒排列紧密，分散无序；多为直接面接触，其次为直接点接触；以粒间孔隙为主,可见少量大孔隙,孔隙分布不均匀。蒙脱石、伊利石-蒙脱石混层分布较多,表明保德组红土具有较强的亲水性和膨胀性。

根据国家标准《土的分类标准》(GBJ 145—1990),对研究区 24 个离石组黄土样品的粒度组分(图 3-13)进行分析。结果表明,黄土的粒度组分以粉粒为主,其含量为 51.9%～81.7%,平均为 68.4%;其次为砂粒和黏粒,其含量分别为 4.6%～30.0%和 5.6%～27.6%,平均含量分别为 16.1%和 15.5%,这两者的含量相近。

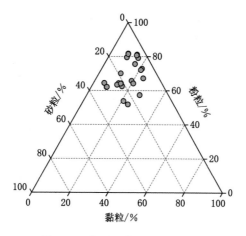

图 3-13　离石组黄土的粒度组分

3.4　上覆岩土体物理力学性质

3.4.1　覆岩物理力学性质

采用 UTA-2000 智能超声波检测仪测定 253 个顶板岩石样品的纵波波速,其采样频率为 10 MHz,计时精度为 0.1 μs。测试过程中,在室温条件下沿岩样轴向测速,且声波传感器与岩石试件之间利用黄油进行耦合。岩样的体积密度采用电子天平直接测定,其精度满足测试要求。测试结果见表 3-2。

表 3-2　顶板覆岩的物理力学参数

物理力学参数		岩　石　名　称					
		粗粒砂岩	中粒砂岩	细粒砂岩	粉砂岩	砂质泥岩	泥岩
样品数量/个		30	38	46	60	42	37
体积密度 /(g/cm³)	最小值	1.91	1.98	1.97	2.05	2.03	2.24
	最大值	2.64	2.55	2.63	2.58	2.61	2.46
	平均值	2.16	2.26	2.29	2.35	2.36	2.36
	标准差	0.17	0.15	0.14	0.11	0.10	0.07

表 3-2(续)

物理力学参数		岩 石 名 称					
		粗粒砂岩	中粒砂岩	细粒砂岩	粉砂岩	砂质泥岩	泥岩
纵波波速 /(m/s)	最小值	409.33	466.83	540.47	421.20	733.58	756.82
	最大值	3 592.06	2 587.11	4 738.68	3 266.67	4 433.63	2 623.22
	平均值	1 462.49	1 775.22	1 901.11	1 956.10	2 089.08	1 717.99
	标准差	728.76	641.60	871.69	774.52	755.07	674.35
单轴抗压强度 /MPa	最小值	3.97	4.16	4.42	2.91	6.18	31.26
	最大值	60.07	65.11	134.37	124.03	158.19	78.57
	平均值	20.31	30.33	44.01	52.03	46.52	52.89
	标准差	15.34	16.59	31.46	34.12	27.63	19.11
杨氏模量 /GPa	最小值	0.38	0.28	0.72	0.14	0.84	1.78
	最大值	9.83	14.70	39.55	18.93	45.11	8.60
	平均值	3.83	5.89	8.17	7.23	6.60	5.46
	标准差	3.13	3.66	8.14	5.68	7.25	2.54
泊松比	最小值	0.13	0.09	0.16	0.12	0.03	0.19
	最大值	0.42	0.44	0.39	0.38	0.36	0.51
	平均值	0.26	0.25	0.28	0.26	0.24	0.29
	标准差	0.05	0.07	0.06	0.05	0.13	0.10

由表 3-2 可知,岩样的体积密度为 $1.91 \sim 2.64$ g/cm³,变化范围不大。且随粒径的减小,体积密度的离散性逐渐降低,而其平均值逐渐增大。岩样的纵波波速为 $409.33 \sim 4\,738.68$ m/s,离散性较大。其中,细粒砂岩和砂质泥岩具有较高的波速峰值,分别为 $4\,738.68$ m/s 和 $4\,433.63$ m/s。纵波波速的平均值由粗粒砂岩至砂质泥岩逐渐增大,而由砂质泥岩至泥岩有所减小。

利用 RMT-150C 岩石力学测试系统测定天然状态下顶板岩石样品的力学参数,包括单轴抗压强度、杨氏模量和泊松比。测试之前,将岩石样品加工成高为 100 mm 和直径为 50 mm 的标准圆柱体试件,加工精度满足试验要求。测试过程严格按照国家标准《煤与岩石物理力学性质测定方法》(GB/T 23561—2009)执行,以试件轴向位移控制加载,加载速率为 0.005 mm/s,直至试件破坏。

由表 3-2 可知,岩样的单轴抗压强度为 $2.91 \sim 158.19$ MPa,离散性较大,且各个岩石类型的单轴抗压强度差异明显。其中,砂质泥岩、细粒砂岩和粉砂岩具有较高的抗压强度峰值,分别为 158.19 MPa、134.37 MPa 和 124.03 MPa。根据《矿区水文地质工程地质勘查规范》(GB/T 12719—2021)以单轴抗压强度(R)对岩石力学强度的划分标准,可知顶板覆岩中软弱岩石($R \leqslant 30$ MPa)占 41.11%,半坚硬岩石(30 MPa $\leqslant R \leqslant 60$ MPa)占 34.78%,以及坚硬岩石($R \geqslant 60$ MPa)占 24.11%。此外,砂岩和泥岩的单轴抗压强度平均值均随粒径的减小而增大。

岩样的杨氏模量为 $0.14 \sim 45.11$ GPa,变化范围较大。其中,砂质泥岩和细粒砂岩的杨氏模量峰值较高,分别为 45.11 GPa 和 39.55 GPa;随粒径的减小,杨氏模量变化不明显。岩样的泊松比为 0.03~0.51,变化范围较小。其中,泥岩具有较高的泊松比峰值。此外,各个岩石类型的泊松比无明显变化趋势。

3.4.2 土的物理力学性质

利用土工试验分别对 23 个离石组黄土样品和 13 个保德组红土样品进行测试,获取其物理参数、力学参数以及水理参数(表 3-3 和表 3-4)。由表 3-3 可知,离石组黄土和保德组红土的饱水程度均为稍湿、很湿至饱和状态。根据《水利水电工程地质勘察规范(2022 年版)》(GB 50487—2008)中的岩土体渗透性分级标准,天然状态下离石组黄土的垂向渗透性和水平渗透性均属于微透水-中等透水等级,渗透性差异较大;天然状态下保德组红土的渗透性属于微透水-弱透水等级,具有良好的隔水性。采用液性指数 I_L 分别对黄土和红土的稠度状态进行分类,离石组黄土和保德组红土均为天然可塑、硬塑至坚硬类型(表 3-4)。此外,离石组黄土和保德组红土分别属于中压缩性土和中-高压缩性土。

表 3-3 离石组黄土和保德组红土的物理力学参数

岩性	含水率 W/%	相对密度 G_s	干密度 ρ_d /(g/cm³)	孔隙比 e	饱和度 S_r/%	内聚力 c/kPa	内摩擦角 Φ/(°)	渗透系数 k/($\times 10^{-6}$ cm/s)	
								垂直,k_v	水平,k_h
黄土	8.1~22.3	2.68~2.73	1.59~1.86	0.46~0.70	41~99	13~88.5	17.9~37.7	1.56~319	1.95~473
红土	7.4~20.9	2.50~2.73	1.40~1.74	0.56~0.93	43~93	820~2 540	23.05~33.19	9.95~16.20	

表 3-4 离石组黄土和保德组红土的水理参数

岩性	塑限 W_P/%	液限 W_L/%	塑性指数 I_P	液性指数 I_L	压缩系数 a_{1-2}/MPa⁻¹	压缩模量 E_s/MPa
黄土	17.0~19.7	22.8~30.3	5.7~10.7	−1.6~0.69	0.1~0.25	6.4~15.1
红土	11.5~16.5	28.8~39.4	16.5~24.0	−0.2~0.67	0.13~0.52	3.78~12.38

3.5 覆岩组构参数与物理力学性质之间的关系

岩石的物理力学性质受控于其微观组构特征,是其结构特征和矿物组分的函数[186]。通过定量分析 16 个顶板砂岩样品的 22 种岩相学参数,并基于最小二乘法,利用单因素回归分析方法构建顶板砂岩的岩相学参数与其物理力学参数之间的定量关系(图 3-14)。通过对比拟合计算求得的相关系数 r 与 $n-2$ 自由度下期望显著性水平为 5% 的临界值 r' 以检验上述回归关系的相关性,n 为样本容量,即 $n=16$。

3.5.1 覆岩组构参数与力学性质之间的关系

由图 3-14(a)可知,砂岩的平均粒径(φ 值)与其单轴抗压强度和杨氏模量呈显著的正相关(r 分别为 0.87 和 0.68),即随平均粒径(φ 值)的增加(颗粒粒径的减小),砂岩的力学强度呈增大趋势。对比图 3-8(a)和图 3-8(b)可知,随颗粒粒径的减小,砂岩内部结构的致密

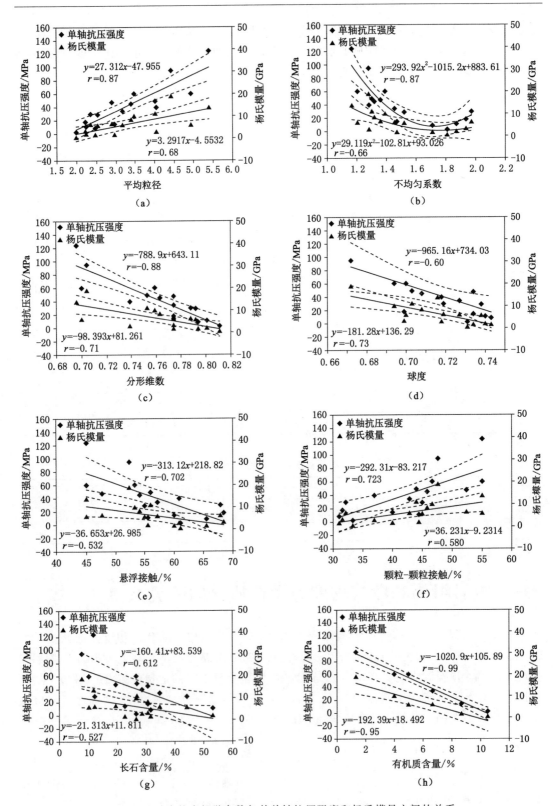

图 3-14　砂岩的岩相学参数与其单轴抗压强度和杨氏模量之间的关系

程度增加,从而导致其力学强度增强。与之相反,东部开滦矿区石炭-二叠系煤层顶板砂岩的单轴抗压强度和杨氏模量均随平均粒径(φ值)的增加而降低[25](图3-15)。此差异可能与砂岩的形成时代和成岩作用有关。

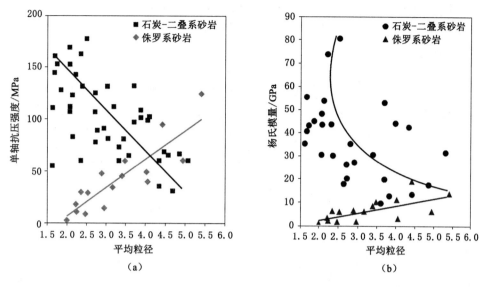

图3-15 侏罗系砂岩与石炭-二叠系砂岩相关参数间关系的对比

图3-14(b)显示砂岩的不均匀系数C_u与其单轴抗压强度和杨氏模量存在显著的统计相关性(r分别为-0.87和-0.66)。此结果与李硕标等[187]所得的定性结果一致。结果表明,随着C_u由1.2增加至1.8,砂岩的单轴抗压强度和杨氏模量均迅速下降;而当C_u由1.8增加至2.0时,单轴抗压强度和杨氏模量均呈轻微增加趋势。颗粒级配不均匀性的增加(由1.2至1.8)造成砂岩内部的大、小矿物颗粒之间的接触点数增多,而碎屑颗粒接触点位置往往形成软弱面,从而削弱了砂岩的力学强度。随着不均匀性的继续增加(由1.8至2.0),大矿物颗粒之间直接接触,构成主要承载骨架,碎屑颗粒接触点数减少,导致砂岩的力学强度增大。

由图3-14(c)可知,砂岩的分形维数与其单轴抗压强度和杨氏模量呈显著的负相关(r分别为-0.88和-0.71),即砂岩的单轴抗压强度和杨氏模量随分形维数的增大而降低。同样的,砂岩的单轴抗压强度和杨氏模量随球度的增大而减小(r分别为-0.60和-0.73)[图3-14(d)]。上述结果与Fahy等[188]所得结果一致。由于碎屑颗粒粗糙度和棱角度的增加,砂岩内部相邻矿物彼此间联结趋于紧密,颗粒之间具有较高的摩擦力,从而使得砂岩的力学强度进一步增强。

随着悬浮接触比例的降低或颗粒-颗粒接触比例的增加,砂岩的单轴抗压强度和杨氏模量均呈增加趋势[图3-14(e)和图3-14(f)]。砂岩碎屑颗粒之间接触比例的增大或悬浮接触比例的减小,使得碎屑颗粒排列的紧密性增加,从而导致砂岩的单轴抗压强度和杨氏模量增大。

砂岩的长石含量和有机质含量均与其单轴抗压强度和杨氏模量呈显著的负相关,即砂岩的单轴抗压强度和杨氏模量均随长石含量或有机质含量的增加而降低[图3-14(g)和

图 3-14(h)]。究其原因如下:① 大多数长石发生了蚀变作用,导致其自身强度降低;② 钾长石和斜长石发育良好的矿物解理面,为矿物颗粒的软弱面,极易引起穿晶裂纹的扩展;③ 有机质的存在破坏了砂岩结构的完整性,且作为软弱面大大削弱了砂岩的力学强度;④ 有机质的变形特性与相邻矿物具有显著差异,极易造成应力集中而发生破坏。

  由图 3-16(a)可知,砂岩的泊松比与颗粒-胶结物接触比例具有显著的正相关关系;与之相反,泊松比与颗粒-杂基接触比例和有机质含量呈显著的负相关关系[图 3-16(b)和图 3-16(c)]。与颗粒-胶结物接触相比,有机质和颗粒-杂基接触性质较弱。在砂岩试样进行轴向压缩过程中,随着颗粒-杂基接触比例和有机质含量的增加,砂岩的轴向应变速率高于横向应变速率,因而泊松比减小;而随着颗粒-胶结物接触比例的增加,砂岩的轴向应变速率低于横向应变速率,因此泊松比增大。

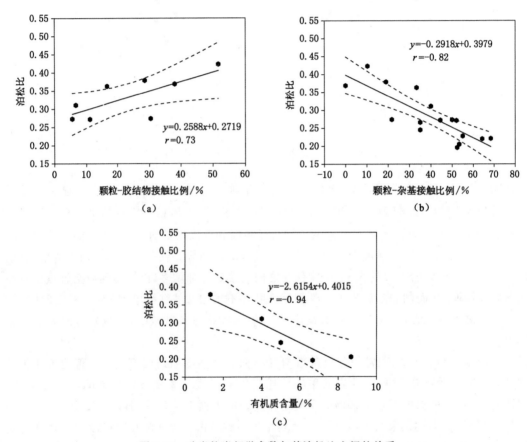

图 3-16 砂岩的岩相学参数与其泊松比之间的关系

3.5.2 覆岩组构参数与物理性质之间的关系

  由图 3-17(a)可知,砂岩的平均粒径(φ值)与其体积密度和纵波波速呈显著的正相关;而不均匀系数与之相反[图 3-17(b)]。随平均粒径(φ值)的增大或不均匀系数的减小,砂岩结构的致密程度增加且空隙体积减小,因此砂岩的体积密度和纵波波速增大。

  随着分形维数或球度的减小,砂岩的体积密度和纵波波速均增大[图 3-17(c)和图 3-17(d)]。

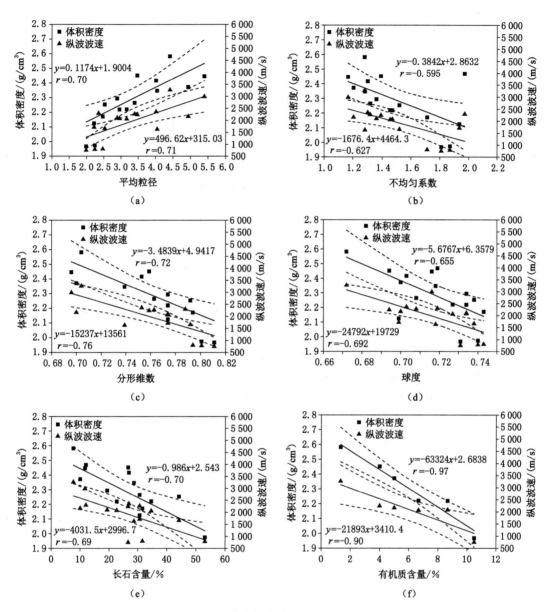

图 3-17　砂岩的岩相学参数与其体积密度和纵波波速之间的关系

分形维数和球度的减小表现为碎屑颗粒的边界粗糙度和棱角度的增大,颗粒之间紧密排列,空隙体积减小,导致砂岩的体积密度和纵波波速增大。

砂岩的长石含量和有机质含量均与其体积密度和纵波波速呈显著的负相关[图 3-17(e)和图 3-17(f)]。长石和有机质的结构较疏松,次生蚀变作用、孔隙和裂隙普遍发育。因此,砂岩的体积密度和纵波波速均随长石含量和有机质含量的增加而减小。

3.6 本章小结

(1) 研究区 2^{-2} 煤层顶板工程地质结构可划分为砂-黄土-红土-基岩型、砂-黄土-基岩型、砂-红土-基岩型以及黄土-基岩型四种类型,其中,砂-黄土-基岩型在区内广泛分布,占全区的 62.30%。

(2) 宏观可见,研究区 2^{-2} 煤层顶板覆岩中发育大量的软弱结构面,包括层理、软弱夹层、岩层界面和裂隙,且软弱结构面多被炭化植物化石充填。离石组黄土以亚砂土、亚黏土为主,虫孔较发育,含钙质结核,上分层黄土含砂量较高,结构较松散;下分层黄土具有较高塑性。保德组红土以亚黏土为主,结构均匀致密,可塑性强。

(3) 研究区 2^{-2} 煤层顶板砂岩的矿物成分主要为石英和长石,含少量有机质;碎屑颗粒以细粒为主,磨圆度较差,排列无序,多为泥质胶结。泥岩矿物成分以石英为主,其次为黏土矿物,含少量长石;泥岩结构较致密,裂隙不发育。红土中蒙脱石、伊利石-蒙脱石混层含量较高;矿物颗粒排列紧密,多为粒间孔隙,裂隙不发育。黄土粒度组分以粉粒为主,其次为砂粒和黏粒。

(4) 顶板覆岩的体积密度平均值随粒径的减小(由粗粒砂岩至泥岩)而逐渐增大。纵波波速平均值由粗粒砂岩至砂质泥岩呈增大趋势,而由砂质泥岩至泥岩其值降低。顶板覆岩中,软弱岩石和半坚硬岩石的比重较大,坚硬岩石的比重较小,且砂岩和泥岩的平均单轴抗压强度均随粒径的减小而增大。顶板覆岩的杨氏模量和泊松比均无明显变化趋势。天然状态下,黄土的垂向渗透性和水平渗透性均属于微透水-中等透水,红土的渗透性属于微透水-弱透水。

(5) 顶板砂岩的平均粒径(φ 值)和颗粒-颗粒接触比例与其力学强度具有显著的正相关关系,而不均匀系数、分形维数、球度、悬浮接触比例、长石含量以及有机质含量与力学强度呈显著的负相关。砂岩的泊松比与颗粒-胶结物接触比例呈显著的正相关,而与颗粒-杂基接触比例和有机质含量呈显著的负相关。此外,砂岩的平均粒径(φ 值)与其体积密度和纵波波速呈正相关,而不均匀系数、分形维数、球度、长石含量和有机质含量与体积密度和纵波波速呈负相关。

4　不同采动应力路径下覆岩损伤与渗透性演化规律

　　榆神府矿区侏罗系主采煤层一般为 4～5 层,埋深一般为 -250～-450 m。随着浅部煤炭资源逐渐枯竭,榆神府矿区势必面临着向深部煤层开采和多煤层重复采动的现实问题。与浅部煤层开采相比,深部煤层开采使得顶板覆岩受采动应力加载和卸载反复扰动作用的影响,进一步加剧了其渗透性和损伤性劣化。而重复采动造成上覆岩层渗透性和损伤性劣化,引起上覆水体渗漏,这是顶板突水灾害和地表生态环境恶化的直接原因[189]。此外,深部岩体处于复杂的天然应力场、损伤场和渗流场中,应力状态的差异决定了其损伤和渗透性的变化(图 4-1)。因此,分别利用单调三轴压缩试验、轴向应力循环加卸载试验、渗透性试验以及声发射试验测试分析顶板砂岩在不同采动应力加载路径条件下其渗透性和损伤特性的演化特征,进一步构建应力、应变、渗透系数和声发射计数之间的联系,从而揭示不同应力状态下砂岩的渗透性和损伤演化规律,为顶板突水预防与生态环境保护提供指导作用。

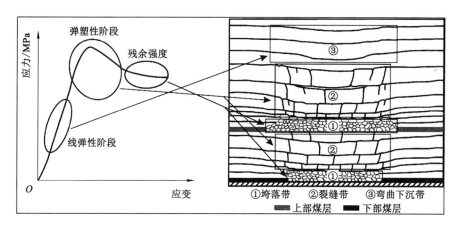

图 4-1　岩石不同演化阶段与重复采动覆岩分带的对应关系

4.1　试验原理及方法简介

4.1.1　单调三轴压缩力学试验

　　砂岩样品均取自榆神府矿区金鸡滩煤矿 117 工作面顶板侏罗系地层,呈灰白色,泥质胶结,颗粒碎屑结构[图 4-2(a)]。根据国家标准《煤和岩石物理力学性质测定方法 第 9 部分:煤和岩石三轴强度及变形参数测定方法》(GB/T 23561.9—2009)中的力学试验要求,砂岩样品被加工成直径为 50 mm,高度为 100 mm 的标准圆柱体试件,试件两端面的不平整度均小于 0.05 mm[图 4-2(b)]。且砂岩试件表面无明显缺陷和风化迹象。为了消除试样离散性对试验结果造成的影响,选取纵波波速和体积密度相近的 8 个砂岩试件进行测试。砂岩试样的基本物理性质如表 4-1 所示。由表 4-1 可得,砂岩试样的体积密度为 2.32~2.39 g/cm³,平均为 2.35 g/cm³;纵波波速为 1.964~2.078 km/s,平均为 2.035 km/s。此外,体积密度和纵波波速的变异系数分别为 0.012 和 0.018,表明砂岩试样之间的差异性很小。

(a) 钻孔岩心

(b) 标准岩样

图 4-2　钻孔岩心

表 4-1　砂岩样品的基本物理参数和试验设计

样品编号	直径/mm	高度/mm	体积密度(g/cm³)	纵波波速(km/s)	围压/MPa	渗透压力/MPa	加载路径
W1	48.93	99.83	2.32	2.051	9	3	
W2	48.71	99.77	2.38	2.041	9	2	单调三轴
W3	48.92	99.90	2.32	2.064	6	3	压缩试验
W4	48.87	99.70	2.33	2.078	6	2	
W5	48.92	99.37	2.36	2.005	6	2	
W6	48.88	99.65	2.39	2.028	6	3	轴向应力循环
W7	48.94	99.66	2.38	2.049	9	2	加卸载试验
W8	49.00	99.68	2.34	1.964	9	3	

单调三轴压缩试验和轴向应力循环加卸载试验所用仪器为 TAWD-2000 型岩石伺服压力试验机。该试验机由轴向压力加载系统、围压系统、控制系统和计算机系统等部分组成[图 4-3(a)]。该仪器可同时加载围压和轴向应力,最大加载围压和轴向应力值分别为 80 MPa 和 2 000 kN。轴向应力加载可分别通过应力、应变或位移控制。此外,岩石试件的轴向应变和环向应变可分别利用轴向应变传感器和环向应变传感器进行测定[图 4-3(b)]。

根据研究区顶板覆岩的实际地应力条件,设定围压分别为 6 MPa 和 9 MPa,且每一围压值均对应于两个渗透压力值分别为 2 MPa 和 3 MPa。力学测试之前,将各个试样进行干燥处理。单调三轴压缩试验和轴向应力循环加卸载试验的具体操作步骤如下。

(1)对于单调三轴压缩试验,首先施加轴向预应力 2 kN,并施加围压至设定值后保持

（a）岩石伺服压力试验机　　　　　　　　　　（b）岩样安装

图 4-3　TAWD-2000 型岩石伺服压力试验机

恒定；之后，施加气体渗透压力并保持恒定；最终，以 50 N/s 的加载速率施加轴向应力直至试件发生破坏。

（2）对于轴向应力循环加卸载试验，首先施加轴向预应力 2 kN，围压和气体渗透压力的加载过程与单调三轴压缩试验的相同。根据单调三轴压缩试验测得的砂岩试样的峰值强度，可将三级循环加载应力峰值分别设定为 32 kN、64 kN 以及 128 kN，且每级循环均卸载至 2 kN，最后一次加载直至试件发生破坏。轴向应力加载速率和卸载速率均为 50 N/s。

此外，通过测定砂岩试样的轴向应变和环向应变，再通过以下公式计算即可得到砂岩试样的体积应变：

$$\varepsilon_v = \varepsilon_1 + 2\varepsilon_3 \tag{4-1}$$

式中，ε_v 为体积应变；ε_1 和 ε_3 分别为轴向应变和环向应变。

4.1.2　渗透性试验

采用高压气缸和减压阀组成的供气装置施加气体渗透压力，其提供的最大气体压力为 15 MPa。所用气体为氮气，纯度为 99.99%。根据砂岩渗透系数的变化范围[92]，采用稳态法测定砂岩的气体渗透率，即同时在试件两端施加不同的气体压力，气体进口端与供气装置相连，气体出口端与大气连通，从而形成渗透压差。待气体流量稳定后，记录一定时间内通过试件的气体总量，并通过式（4-2）可计算得到气体渗透系数：

$$k = \frac{2\mu L Q P_0}{(P_1^2 - P_0^2)A} \tag{4-2}$$

式中，k 为渗透系数，m^2；μ 为气体动力黏度系数（即 1.80×10^{-5} Pa·s）；L 为试样长度，m；Q 为气体体积流量，m^3/s；P_1 和 P_0 分别为进气端和出气端的气体压力，Pa；A 为试样的横截面积，m^2。

4.1.3　声发射试验

声发射监测仪为美国物理声学公司生产的 PCI-2 多通道声发射系统。该系统内置 18

位 A/D 转换器,频率范围为 1 kHz~3 MHz,动态范围大于 85 dB。测试过程中,该系统自动读取并存储声发射数据,包括声发射计数、能量和振幅。为降低环境噪声对声发射信号的干扰作用,将声发射阈值设定为 40 dB。

4.2 不同采动应力路径下砂岩的变形与强度特征

4.2.1 单调三轴加载条件下砂岩的变形与强度特征

图 4-4 给出了不同围压和渗透压力条件下砂岩样品的单调三轴压缩应力-应变曲线,其中,6(2)表示围压为 6 MPa、渗透压力为 2 MPa,下同。通常情况下,以轴向压缩变形为正,环向扩容变形为负。

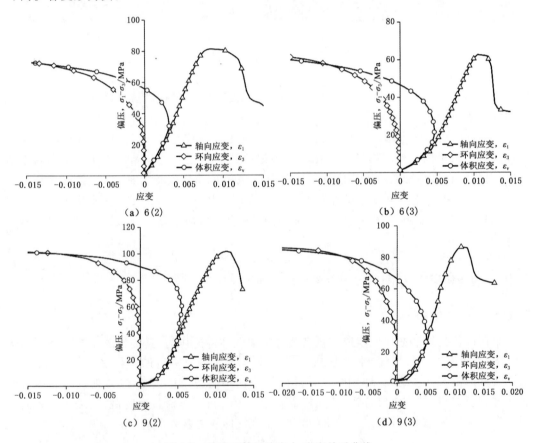

图 4-4 单调三轴压缩应力-应变关系曲线

由图 4-4 可得,砂岩样品的应力-应变关系曲线均表现出相似的整体特征,且呈现出 4 个不同阶段,即初始微裂纹闭合阶段、线弹性变形阶段、弹塑性阶段和应变软化阶段。可以看出,砂岩样品的初始压密阶段较为显著,偏应力-轴向应变关系曲线呈上凹形态,且随围压的增大,压密段上凹趋势趋于不明显,这是围压增加使得砂岩内部孔隙和微裂纹进一步被压密闭合引起的。该阶段砂岩内部原生孔隙和微裂纹受围压和轴向压力的共同作用而逐渐被压实而闭合,导致岩石孔隙度减小而刚度增大。随荷载增加,砂岩偏应力-轴向应变关系曲线呈明显的线性关系,即为线弹性阶段。该阶段砂岩的原生孔隙和微裂隙随轴向应力的增加被进一步压密,且未出现新生裂纹。上述两个阶段,砂岩的环向应变未发生明显变化,且体积应变呈现明显的压缩变形。之后,砂岩形变进入弹塑性阶段,偏应力-环向应变曲线表现出明显的非线性特征,且体积应变开始发生扩容,表明砂岩内部新生微裂纹开始萌生和扩展,损伤逐渐积累。随着轴向应力进一步增加,偏应力-环向应变关系曲线和偏应力-体积应变关系曲线均表现出显著的非线性特征,砂岩内部微裂纹快速扩展并贯通形成宏观破裂面。最终,砂岩样品发生破坏,伴随着偏应力-轴向应变关系曲线出现明显的应力跌落现象,这表明砂岩样品发生了强烈的脆性破坏。

对比试验结果可得,不同围压和渗透压力条件下砂岩样品具有一共同特征,即试样发生扩容之前,轴向应变对偏应力的增加较敏感;而试样发生扩容之后,环向应变对偏应力的增加较敏感。且砂岩试样扩容之前,各应力-应变关系曲线的曲率变化差异不明显;扩容之后,环向应变和体积应变关系曲线的曲率快速增大,扩容更为明显。

基于上述砂岩样品的应力-应变关系曲线,可得单调三轴加载条件下不同围压和渗透压力对砂岩力学强度的影响(图4-5)。由图4-5可知,砂岩的峰值强度、残余强度以及杨氏模量均与围压和渗透压力密切相关,即峰值强度、残余强度以及杨氏模量均随围压的增大或渗透压力的减小而显著增加。在渗透压力为3 MPa条件下,围压由6 MPa增加至9 MPa,砂岩的峰值强度和残余强度分别由62.69 MPa增加至86.58 MPa和由31.91 MPa增加至44.84 MPa,分别提高了38%和41%[图4-5(a)],且杨氏模量由4.77 GPa增加至6.35 GPa,提高了33%[图4-5(b)];在渗透压力为2 MPa条件下,相同的围压增量,砂岩的峰值强度和残余强度分别由80.23 MPa增加至101.73 MPa和由32.93 MPa增加至72.76 MPa,分别提高了27%和121%,且杨氏模量由5.29 GPa增加至7.76 GPa,提高了47%。当围压为9 MPa时,渗透压力由3 MPa降低至2 MPa,砂岩的峰值强度和残余强度分别由86.58 MPa增加至101.73 MPa和由44.84 MPa增加至72.76 MPa,分别增加了17%和62%,且杨氏模量由6.35 GPa增加至7.76 GPa,提高了22%;当围压为6 MPa时,相同的渗透压力减量,砂岩的峰值强度和残余强度分别由62.69 MPa增加至80.23 MPa和由31.91 MPa增加至32.93 MPa,分别增加了28%和3%,且杨氏模量由4.77 GPa增加至5.29 GPa,提高了11%。

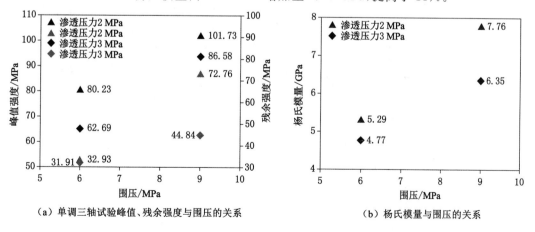

（a）单调三轴试验峰值、残余强度与围压的关系　　　　（b）杨氏模量与围压的关系

图4-5　单调三轴试验峰值强度、残余强度、杨氏模量与围压的关系

图 4-6 表示单调三轴加载试验中不同围压和渗透压力条件下砂岩的体积应变随轴向应变的变化规律。由图 4-6 可得,不同围压和渗透压力条件下的砂岩轴向应变-体积应变曲线均表现出相似的变化趋势。轴向应力加载初期,体积应变逐渐增大,表明砂岩试样的体积逐渐收缩,主要是砂岩内部原生孔隙和微裂隙压密闭合造成的。随着轴向应变的增加,体积应变达到峰值,之后开始快速降低,表明砂岩试样的体积开始扩容,主要是砂岩内部裂隙相互连通和剪切滑移造成的。且扩容阶段的体积应变曲线的斜率明显大于体积压缩阶段。此外,随着围压的增加或渗透压力的减小,体积应变的峰值逐渐增大。且随着围压的减小或渗透压力的增大,体积应变转折点提前,表明围压的增加对岩石扩容具有约束作用,而渗透压力与之相反。

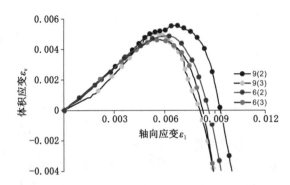

图 4-6　单调三轴压缩试验体积应变-轴向应变关系曲线

图 4-7 所示为单调三轴加载试验中不同围压和渗透压力条件下砂岩试样的宏观破裂形式。低围压下,砂岩试样的破坏形式主要为高角度的单剪破坏;较高围压下,试样呈典型的共轭剪切破坏形式,剪切面角度较低围压下的略小,且剪切滑动面相对粗糙且不均匀,并伴随出现胀性裂纹。因此可得,围压变化有效改变了砂岩试样的破坏形式。

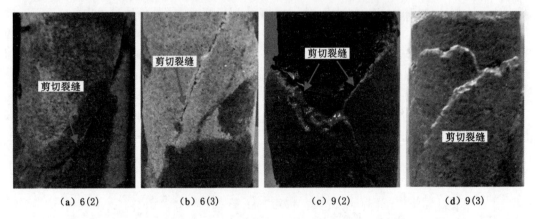

(a) 6(2)　　　　　(b) 6(3)　　　　　(c) 9(2)　　　　　(d) 9(3)

图 4-7　在单调三轴压缩试验不同围压和渗透压条件下砂岩试样的宏观破裂形式

4.2.2　循环加卸载条件下砂岩的变形与强度特征

图 4-8 所示为不同围压和渗透压力条件下砂岩试样的循环加卸载应力-应变关系曲线。

通常情况下,以轴向压缩变形为正,环向扩容变形为负。

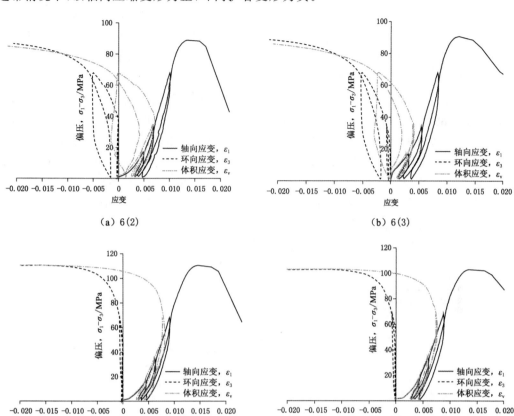

（a）6(2)　　　　　　　　　　　　　（b）6(3)

（c）9(2)　　　　　　　　　　　　　（d）9(3)

图 4-8　循环加卸载试验应力-应变关系曲线

由图 4-8 可得,循环加卸载条件下,砂岩试样的卸载曲线与再加载曲线之间形成了清晰的塑性滞回环,且随着循环次数的增加,各应力-应变滞回环发生向前移动的现象且其面积逐渐增大,表明每级加卸载均对砂岩试样造成新的累积损伤,且不可逆变形随循环加卸载次数的增加呈非线性增大现象,此主要与砂岩内部微裂纹的萌生与扩展有关。因此可得,加卸载滞回曲线可以反映出砂岩内部的损伤变化特征。此外,应力加卸载曲线均呈内凹型,表明砂岩内部孔裂隙在外力作用下经历了反复的压密闭合和释放过程。由偏应力-轴向应变曲线可得,第一次循环加卸载过程,试样均经历了明显的初始压密作用,并产生了较大的残余轴向应变,且随着围压的增大,其值均有所减小。在之后的加卸载循环过程中,残余轴向应变量均减小,而残余环向应变在低围压条件下显著增加,高围压条件下增加不明显,表明试样由轴向压缩向环向扩容转变,且围压的增大约束了砂岩内部微裂纹的扩展。最后一次应力加载结果与单调三轴加载应力-应变曲线相似,砂岩试样分别经历了原生孔裂隙闭合和次生裂纹扩展,最终微裂纹相互连通形成宏观裂隙导致试样破坏。

对比试验结果可知,砂岩试样的环向应变和体积应变对于围压的增加具有较高的敏感性。随着围压由 6 MPa 增加至 9 MPa,试样的环向应变显著减小,表明围压的增大抑制了次生裂纹的扩展。此外,围压为 6 MPa 条件下的加卸载体积应变曲线较围压为 9 MPa 条件下的变化更为显著。可以清晰地看出,砂岩试样在 6 MPa 围压下的第三次加卸载循环体积应变曲线表现出明显的体积扩容现象,而在 9 MPa 围压下的第三次加卸载循环试样仍处于弹性变形阶段,未出现体积扩容现象。因此可得,围压 6 MPa 条件下加载应力峰值 128 kN 已超过砂岩试样的损伤强度,从而导致砂岩试样产生体积扩容现象,而围压 9 MPa 条件下的与之相反。这表明围压的增加使得砂岩的损伤强度得到提高。

基于上述试验结果,可得循环加卸载条件下不同围压和渗透压力对砂岩力学强度的影响(图 4-9)。由图 4-9(a)可知,随围压的增大,砂岩的峰值强度和残余强度均显著增加,而高围压条件下渗透压力的变化对两者的影响较低围压条件下更为显著。且砂岩试样的杨氏模量随围压的增加或渗透压力的减小而增大[图 4-9(b)]。此外,对比两种不同应力加载路径下砂岩试样的峰值强度可知[图 4-5(a)和图 4-9(a)],循环加卸载条件下砂岩试样的峰值强度表现出强化特征,平均提高了 21%,所得结果与徐速超等[190]和左建平等[191]的研究结果一致。其增大的原因主要为应力循环加卸载路径改善了矿物颗粒接触面间的摩擦性能,从而使得砂岩试样的承载能力得到提高[192-193]。

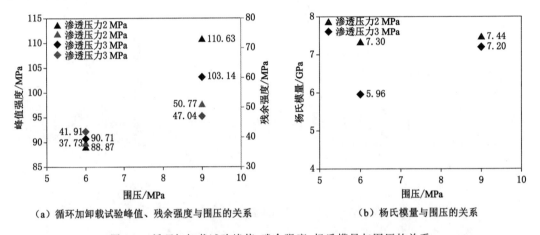

(a) 循环加卸载试验峰值、残余强度与围压的关系　　　(b) 杨氏模量与围压的关系

图 4-9　循环加卸载试验峰值、残余强度、杨氏模量与围压的关系

图 4-10 表示循环加卸载试验中不同围压和渗透压力条件下砂岩的体积应变-轴向应变曲线变化规律。由图 4-10 可得,随着轴向应变的增加,砂岩试样均经历了体积压缩和体积扩容阶段,伴随着体积应变曲线的缓慢增大和快速减小。不同的是,围压 6 MPa 条件下第三次加卸载体积应变曲线呈现明显的体积膨胀特征,而围压 9 MPa 条件下的第三次加卸载体积应变曲线仍表现为体积压缩特征。此外,体积应变峰值随围压的增加或渗透压力的减小而显著增大。且随围压的减小或渗透压力的增大,体积应变提前发生扩容现象,此结果与单调三轴加载试验所得结果一致。

图 4-11 表示循环加卸载试验不同围压和渗透压力条件下砂岩试样的破坏形式。由图 4-11 可知,循环加卸载条件下砂岩试样仍以脆性破坏为主。即使在不同围压条件下,砂岩试样的破坏特征均表现为单一的剪切断裂,剪胀作用明显。对比单调三轴加载试验 9 MPa 围压条件下的砂岩试样破坏形态可得,高围压条件下砂岩试样的破坏特征与应力加载路径密切相关。

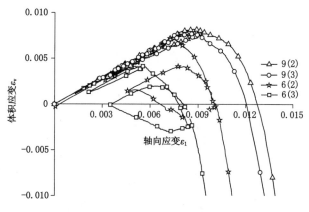

图 4-10　循环加卸载试验体积应变-轴向应变曲线

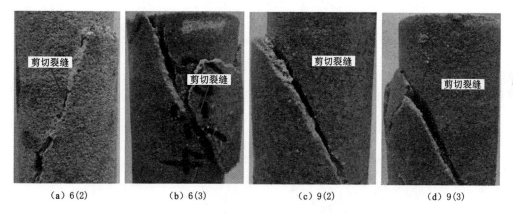

(a) 6(2)　　　(b) 6(3)　　　(c) 9(2)　　　(d) 9(3)

图 4-11　循环三轴加卸载试验不同围压和渗透压
条件下砂岩试样的宏观破裂形式

4.3　不同采动应力路径下砂岩损伤与渗透性演化规律

受采动作用影响,原岩应力场、渗流场和损伤场发生调整和迁移,其三者之间相互作用最终导致覆岩变形破坏,从而诱发工程失稳灾害[194]。覆岩失稳破坏导致岩石内部能量释放并伴随有声发射活动,声发射信息(计数、能量和幅值)可以反映岩石内部损伤和裂隙演化的阶段性特征[102]。此外,岩石的渗透性变化与其内部裂纹的扩展密切相关。因此,分别利用单调三轴压缩试验和循环加卸载试验,同步测定气体渗透率和声发射数据,探讨不同采动应力路径下砂岩试样损伤和渗透性演化规律及其两者之间的内在联系。

4.3.1　单调三轴加载条件下砂岩损伤与渗透性演化规律

图 4-12 表示单调三轴压缩试验不同围压和渗透压力条件下偏压-体积应变-渗透系数-轴向应变曲线。由图 4-12 可得,不同围压和渗透压力条件下,渗透系数-轴向应变曲线均表现出相似的变化趋势,且渗透系数的总体变化规律与偏应力-轴向应变曲线的阶段性相对应。初始微裂纹压密阶段和线弹性变形阶段,渗透系数随轴向应变的增加略有降低,主要

由原生微裂纹的张开度减小所致。弹塑性阶段,新生微裂纹萌生和扩展,渗透系数首先逐渐增加,而后急剧增大。渗透系数在砂岩强度峰值之后达到最大值,其峰值滞后于砂岩强度峰值,归因于宏观裂纹渗流通道形成于砂岩强度峰值之后。

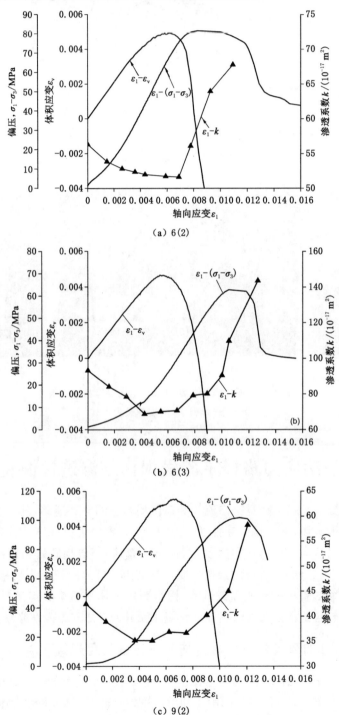

图 4-12　单调三轴压缩试验偏压-体积应变-渗透系数-轴向应变曲线

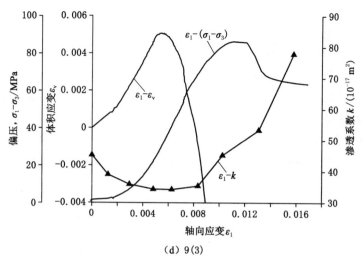

（d）9(3)

图 4-12（续）

由图 4-12 可知,砂岩的渗透性变化与其体积应变具有明显的相关性,即渗透系数在体积压缩和扩容两个阶段表现出不同的变化趋势。体积应变转折之前(即压实阶段),渗透系数随着体积应变的增加而略有降低。体积应变转折之后(即扩容阶段),渗透系数随着体积应变的减小而显著增大。体积扩容阶段,砂岩的渗透性对其体积应变变化更为敏感,所得结果与俞缙等[195]的研究结果一致。由此可见,砂岩的渗透性变化与其体积应变密切相关。

基于上述试验结果可知,不同围压和渗透压力条件下砂岩的渗透系数特征值(表4-2)。由表 4-2 可知,随着围压的增大或渗透压力的减小,砂岩渗透系数的初始值和峰值均降低。且围压的增加导致渗透系数呈整体减小趋势;渗透压力的增加仅引起围压 6 MPa 条件下的渗透系数整体增大,而对围压 9 MPa 条件下的渗透系数影响不明显。围压增大引起砂岩内部孔隙和微裂隙进一步被压实和闭合,渗流通道收缩,从而导致砂岩的渗透性降低。渗透压力增大引起砂岩内部孔隙压力增加,导致有效围压降低,从而造成砂岩的渗透性增加。此外,围压 9 MPa 条件下渗透系数的初始值和峰值的变化幅度均小于围压 6 MPa 条件下的;而渗透压力 3 MPa 条件下渗透系数的初始值和峰值的变化幅度均大于渗透压力 2 MPa 条件下的。

表 4-2   单调三轴压缩试验的渗透系数特征值

样品编号	围压/MPa	渗透压力/MPa	渗透系数/(10^{-17} m^2)	
			初始值	峰值
W4	6	2	56.35	67.79
W3	6	3	93.30	143.65
W2	9	2	42.45	58.23
W1	9	3	45.32	77.82

　　图 4-13 给出了单调三轴压缩试验不同围压和渗透压力条件下偏压-声发射计数-渗透系数-时间曲线。由图 4-13 可知,不同围压和渗透压力条件下,随着轴向荷载的增加,声发射计数的总体变化趋势大致相似。声发射计数与砂岩试样的应力状态密切相关,且与渗透性变化具有一定的对应关系。轴向应力加载初期,砂岩试样内部原生孔隙和微裂隙压密闭合不会引起能量释放,因此未产生明显的声发射现象,且伴随着渗透系数略有下降现象。弹塑性阶段,砂岩内部新生微裂纹萌生和扩展,并伴随有少量能量的释放,从而引起声发射计数逐渐增加,渗透系数也有所增大。之后,轴向应力超过砂岩试样的强度峰值,造成试样发生脆性破裂,并伴随大量的能量瞬间释放,从而导致声发射计数陡增以及渗透系数急剧增大。由此可知,单调三轴压缩条件下砂岩试样的损伤演化与其渗透性密切相关。

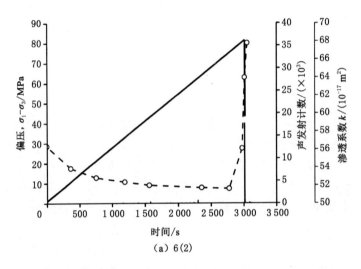

(a) 6(2)

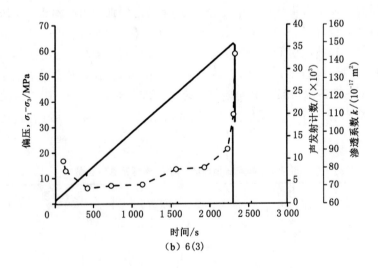

(b) 6(3)

图 4-13　单调三轴压缩试验偏压-声发射计数-渗透系数-时间曲线

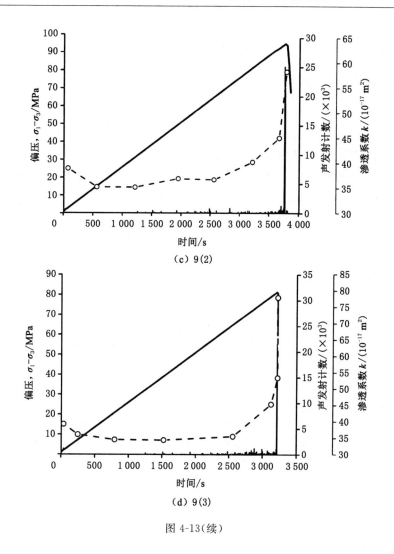

(c) 9(2)

(d) 9(3)

图 4-13(续)

由图 4-13 可得,围压 9 MPa 条件下的声发射计数峰值明显高于围压 6 MPa 条件下的声发射计数峰值。这表明围压增大有利于砂岩内部积累更多的弹性能,导致砂岩破裂时能量释放愈剧烈。围压 9 MPa 条件下,渗透压力为 2 MPa 时的声发射计数峰值明显高于渗透压力为 3 MPa 时的声发射计数峰值;而围压 6 MPa 条件下,渗透压力由 2 MPa 增加至 3 MPa 时声发射计数峰值变化不明显。这表明高围压条件下,渗透压力的增加对砂岩的劈裂作用愈加强烈,更有利于砂岩内部积蓄的能量提前耗散,导致砂岩破断时释放的能量强度减弱。而低围压条件下,砂岩本身积蓄的能量较弱,渗透压力的增加对砂岩的能量耗散作用影响较小,因此,渗透压力的增加对声发射计数峰值的影响不明显。由此可见,围压对砂岩声发射特征的影响较渗透压力的显著。

此外,相同渗透压力时,9 MPa 围压条件下砂岩试样的损伤历时较 6 MPa 围压条件下砂岩试样的损伤历时要长;而相同围压时,3 MPa 渗透压力条件下砂岩试样的损伤历时较 2 MPa 渗透压力条件下砂岩试样的损伤历时要短。由此表明,围压增大抑制了砂岩内部微裂纹的生长,从而减缓了砂岩试样的损伤演化进程;而渗透压力增大促进了砂岩内部微裂纹的扩展,从而加速了砂岩试样的损伤演化进程。分别对比不同围压和渗透压力条件下砂岩试样损伤历时可得,围压对砂岩试样的损伤演化进程起主导作用。

4.3.2 循环加卸载条件下砂岩损伤与渗透性演化规律

图 4-14 给出了循环三轴压缩试验不同围压和渗透压力条件下偏压-体积应变-渗透系数-轴向应变曲线。由图 4-14 可知,与初始微裂纹闭合和线弹性变形两阶段相对应的前两次循环中,砂岩试样的渗透系数均快速下降,且下降幅度较大。在第三次加卸载循环过程中,由于初始微裂纹得到压实和闭合,砂岩试样的渗透系数下降幅度明显减小。在第四次加载过程中,砂岩试样的渗透系数总体变化趋势与单调三轴压缩试验所得结果相似,即渗透系数首先略有下降,然后缓慢增加,最后急剧增大至峰值。由砂岩试样整个加卸载循环过程中的渗透性变化特征可知,渗透系数下降的幅度大于其增加的幅度,表明加卸载循环条件下初始微裂纹压密闭合对砂岩试样渗透性变化的影响较新生微裂纹扩展更为显著。

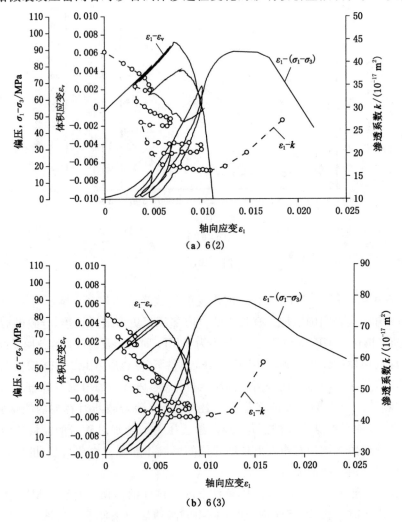

（a）6(2)

（b）6(3)

图 4-14　循环加卸载试验偏压-体积应变-渗透系数-轴向应变曲线

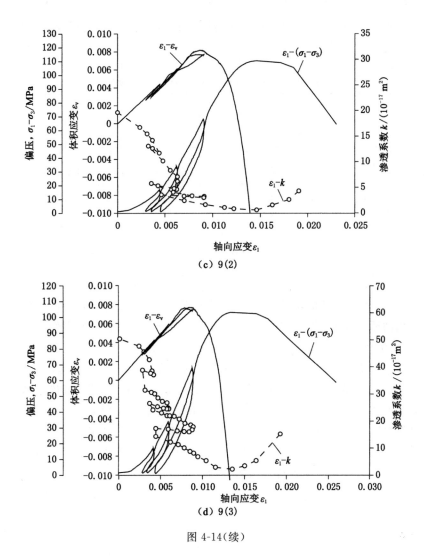

（c）9（2）

（d）9（3）

图 4-14（续）

由图 4-14 可知,砂岩试样的渗透性变化与其体积应变具有紧密联系。前两次加卸载循环阶段,砂岩试样的体积应变均表现为反复压缩和释放的弹性变形,并伴随着渗透系数加载过程的大幅下降和卸载过程的小幅增加。此与原生孔裂隙反复压密和释放的弹性变形有关。第三次加卸载阶段,围压 6 MPa 条件下的砂岩试样的体积应变表现出明显的扩容现象,表明砂岩试样发生塑性损伤,导致卸载过程部分孔裂隙未能释放且处于闭合状态,因此卸载阶段渗透系数呈小幅下降趋势。与之相比,第三次加卸载阶段,围压 9 MPa 条件下的砂岩试样仍表现为弹性变形,且卸载阶段渗透系数呈小幅增加趋势。第四次加载阶段,砂岩试样的渗透系数与其体积应变的变化趋势和单调三轴加载试验所得结果相似。

基于上述试验结果,表 4-3 给出了不同围压和渗透压力条件下砂岩渗透系数变化的特征值。由表 4-3 可知,随着围压的增大或渗透压力的减小,砂岩渗透系数的初始值和最终值均降低。且随着围压的增大或渗透压力的减小,砂岩试样的渗透系数整体减小。此外,围压 9 MPa 条件下渗透系数的初始值和最终值的变化幅度均小于围压 6 MPa 条件下的;而渗透压力 3 MPa 条件下渗透系数的初始值和最终值的变化幅度均大于渗透压力 2 MPa 条件下的。由此可见,围压增大对砂岩试样的渗透性具有抑制作用;与之相反,渗透压力增大对砂岩试样的渗透性具有促进作用。

表 4-3   循环加卸载试验的渗透系数特征值

样品编号	围压/MPa	渗透压力/MPa	渗透系数/(10^{-17} m²)	
			初始值	最终值
W5	6	2	42.25	27.28
W6	6	3	74.00	58.87
W7	9	2	19.60	4.28
W8	9	3	50.44	15.21

图 4-15 表示循环三轴压缩试验不同围压和渗透压力条件下偏压-声发射计数-渗透系数-时间曲线。由图 4-15 可得,砂岩试样的声发射特征与其渗透系数和应力状态密切相关。前两次加卸载循环过程中,砂岩试样均表现为弹性变形,未产生明显损伤,因此,声发射活动不活跃,仅发生离散且计数值较小的声发射事件,且对应于渗透系数加载阶段的大幅下降和卸载阶段的小幅增加。随着加载应力峰值的增加,第三次加卸载循环过程中,围压 6 MPa 条件下砂岩试样的声发射计数开始增大并表现出明显的积聚,且渗透系数在卸载过程中出现小幅下降,表明砂岩试样已产生较大损伤且发生塑性变形;而围压 9 MPa 条件下砂岩试样的声发射计数无明显变化,且渗透系数在卸载过程中出现小幅增加,表明砂岩试样未产生明显损伤,仍处于弹性变形阶段。第四次加载阶段,砂岩试样发生脆性破裂,伴随着声发射计数的突然增大以及渗透系数的急剧增加。

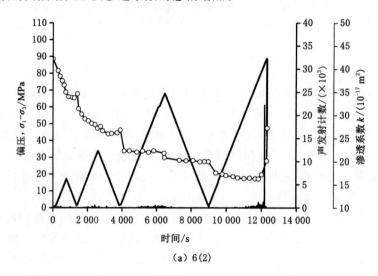

(a) 6(2)

图 4-15   循环加卸载试验偏压-声发射计数-渗透系数-时间曲线

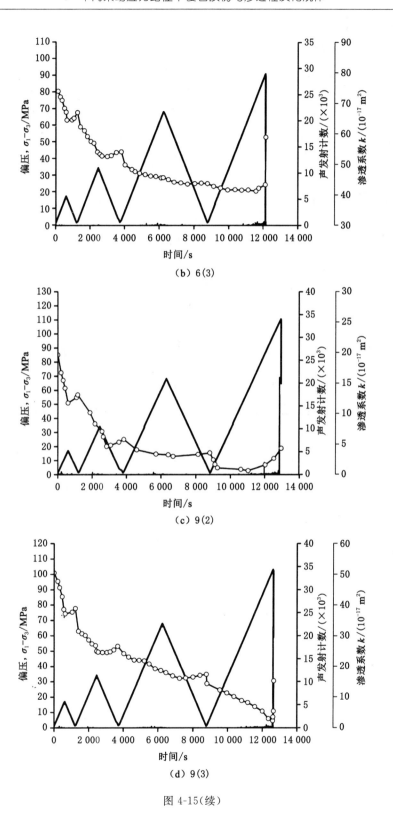

（b）6(3)

（c）9(2)

（d）9(3)

图 4-15(续)

由图 4-15 可知,声发射事件主要集中发生于循环应力上限附近,表明循环应力达到上限时,砂岩试样的损伤更为强烈。且声发射事件主要发生于应力加载阶段,卸载阶段很少产生。通过对比不同围压和渗透压力条件下声发射计数峰值的变化,可以得出循环应力加卸载作用下围压和渗透压力的变化均对声发射计数峰值无明显影响。此结果与单调三轴压缩试验所得结果存在明显差异,因此可得,应力加载路径对砂岩的损伤演化特征具有显著影响。此外,与单调三轴压缩试验所得结果一致,围压增大减缓了砂岩试样的损伤演化进程,而渗透压力增大加速了砂岩试样的损伤演化进程。

4.4 本章小结

(1)砂岩试样的单调三轴压缩应力-应变曲线可划分为 4 个不同阶段,即初始微裂纹闭合阶段、线弹性变形阶段、弹塑性阶段和应变软化阶段。循环加卸载条件下,每级加卸载循环均对砂岩试样造成累积损伤。两种应力加载路径下,砂岩试样的力学强度均随围压的增大或渗透压力的减小而显著增加。且循环加卸载条件下砂岩试样的峰值强度较单调三轴压缩条件下表现出强化特征。随着围压的减小或渗透压力的增大,砂岩试样的体积应变峰值呈减小趋势,体积扩容提前。此外,砂岩试样的破坏形式与围压和应力加载路径密切相关。

(2)两种应力加载路径条件下,砂岩试样的渗透系数总体变化规律与其应力状态和体积应变变化具有紧密联系。围压增大对砂岩试样的渗透性具有抑制作用,而渗透压力与之相反。

(3)砂岩试样的声发射特征与其渗透性变化具有一定的对应关系。围压增大抑制了微裂纹的扩展,减缓了砂岩试样的损伤演化进程,而渗透压力增大促进了微裂纹的扩展,加速了砂岩试样的损伤演化进程。此外,应力加载路径对砂岩试样的损伤演化特征具有明显影响。

5 超大采高综放采场覆岩-土复合结构动态响应特征

　　研究区地层赋存特征和水文地质条件较为复杂,煤层开采受上覆多种水体的潜在威胁。长壁综放采场覆岩运动具有来压剧烈、位移量大以及变形不连续等非线性特征[196]。然而,采动覆岩的演化过程和破坏状态难以利用传统的理论方法和监测手段进行表征。尤其是导水裂缝带,作为沟通上覆水体和采煤工作面的主要导水通道,其动态发育特征的实时监测和定量判别对于保障煤炭资源安全高效开采和地表生态环境保护具有重要的工程和理论意义。

　　光纤传感技术作为一种新型的监测技术,具有测量精度高、实时性好、分布式监测等特点,已广泛应用于隧道[197]、桩基础[198-199]、边坡[200-201]、管道[202]、岩土工程[203-206]以及采矿工程[207-210]等的结构稳定性监测中。此外,光纤传感器能够与岩土体紧密耦合,同步变形,从而实现对采动岩土体内部应变的实时性和连续性动态监测。分别利用分布式光纤传感技术和光纤光栅传感技术对采动过程中上覆岩土体复合结构的变形破坏特征和隔水层(土层)的孔隙水压力分布及其动态变化规律进行监测与分析,确定超大采高综放采场导水裂缝带最大发育高度,并结合关键层理论和3DEC数值模拟进行相互对比和验证。

5.1 基于分布式光纤传感技术的采动覆岩-土体变形破坏动态监测

5.1.1 基于布里渊光时域反射技术(BOTDR)的分布式光纤传感技术的基本原理

　　(1) 布里渊散射光

　　布里渊散射是光在介质中受到各种元激发的一种非弹性散射,由泵浦光和声学声子相互作用的结果[211]。其产生的频移 f_B 取决于介质固有的弹性力学和声学特性,如式(5-1)所示:

$$f_B = \frac{2n}{\lambda} \sqrt{\frac{(1-\nu)E}{(1+\nu)(1-2\nu)\rho}} \tag{5-1}$$

式中,n 和 λ 分别为光纤的折射率系数和入射光波长;ν、E 和 ρ 分别为传输介质的泊松比、杨氏模量和密度。

　　由上述可得,布里渊散射光的频移量同时受被测物体的应变变化和测试环境温度的双重影响。在不考虑温度条件变化的影响下,f_B、n、E 和 ρ 均为应变的函数,其关系如式(5-2)所示:

$$f_B(\varepsilon) = \frac{2n(\varepsilon)}{\lambda}\sqrt{\frac{[1-\nu(\varepsilon)]E(\varepsilon)}{[1+\nu(\varepsilon)][1-2\nu(\varepsilon)]\rho(\varepsilon)}} \tag{5-2}$$

(2) 光时域反射技术

脉冲光以一定的频率自光纤一端入射,光子在传播过程中与光纤介质中的粒子发生弹性和非弹性碰撞,产生背向散射光,背向散射光的传播方向与脉冲光相反,并返回至入射端。通过测定该散射光的回波时间即可确定散射点的位置。光纤任一点至入射端的距离可由式(5-3)计算得到:

$$Z = \frac{c\Delta t}{2n} \tag{5-3}$$

式中,Z 为光纤任一点与脉冲光入射端的距离,m;c 为光在真空中的传播速度,m/s;Δt 为脉冲光由入射到接收之间的时间差,s。

空间分辨率 ΔZ 为分布式光纤传感技术中的一个重要参数,即解调仪器能够分辨的两个相邻事件点间的最短距离。其取决于入射光的脉冲宽度 τ,它们之间的表达关系如式(5-4)所示:

$$\Delta Z = s\tau/2 \tag{5-4}$$

式中,s 为脉冲光在光纤介质中的传播速度,m/s。

因此,利用 BOTDR 能够有效地测定背向布里渊散射光沿光纤介质的分布信息,从而实现对被测物体的分布式应变测量。

(3) BOTDR 测试原理

BOTDR 的测试原理如图 5-1 所示。脉冲光以一定的频率自光纤一端入射,入射的脉冲光与光纤中的声学声子发生相互作用后产生背向布里渊散射,背向布里渊散射光沿光纤返回至脉冲光的入射端,进入 BOTDR 解调仪的受光部和信号处理单元。在测试环境温度保持恒定的条件下,当光纤受到应力作用时,布里渊散射光的峰值功率发生漂移,漂移的频移量与光纤应变具有明显的线性关系。因此,通过量测光纤形变段的布里渊频移,并通过频移的变化量与光纤应变之间的线性关系即可获得被测物体的应变量。

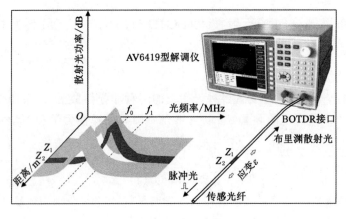

图 5-1　BOTDR 的测试原理

5.1.2 传感光缆和解调设备

（1）传感光缆

针对采动覆岩具有形变量大、位移量大、持续周期长以及非线性等特点,选用应变传递性能优良、抗拉强度高、抗弯折能力强以及耐腐蚀性强的四种传感光缆,即金属基索状应变感测光缆(MKS)、2 m定点应变感测光缆(2m IFS)、纤维加强筋应变感测光缆(GFRS)和矿山专用定点应变感测光缆(5m IFS)[图5-2(a)]。其技术参数和特点如表5-1所示。

图 5-2　传感光缆类型及其组成结构

表 5-1　现场监测选用的四种传感光缆的技术参数和特点

光纤类型	直径/mm	极限拉力/N	应变范围/%	测量间隔/m	监测变形类型	测试长度/m
MKS	5.0	2 350	−1～1	连续	小变形	0～200 和 0～55
2m IFS	5.0	2 050	0～5	2	大变形	0～55
GFRS	5.8	1 050	−1～1	连续	小变形	0～200
5m IFS	12.0	2 500	0～5	5	大变形	0～200

其中,MKS具有金属基索状结构,传感光纤外包高强度的金属加强件,极大地提高了传感光缆的抗拉性能[图5-2(b)];GFRS采用玻璃纤维加强件保护,整体弹性模量与混凝土相当,应变传递性能良好[图5-2(c)]。以上两种感测光缆均可实现全地层变形的精细化测量。分布式定点感测光缆包括5m IFS[图5-2(d)]和2m IFS[图5-2(e)],采用特有的内定点设计,通过相邻两定点间的光纤应变以实现覆岩运动空间的非连续性和非均匀性形变分段测量。其具有良好的机械性能和力学性能,并能与岩土体结构紧密耦合,从而实现对岩层的大变形测量。

（2）解调设备

BOTDR解调设备采用由中国电子四十一所研制的AV6419型布里渊光时域应变测量仪(图5-1)。该仪器基于布里渊光时域反射技术的分布式光纤应变测试系统,能够同时测试光纤光缆的应变分布、损耗分布及光纤全线的布里渊散射频谱,具备3D及多种分布参数同步显示功能,具有应变测试精度高、重复性好、单端无损测量以及工程适应性强等优点。其具体性能参数见表5-2。

表 5-2　AV6419 应变测量仪的技术参数

参　数　指　标	参　数　值
工作波长/nm	1 550±5
最大动态范围/dB	15
空间分辨率/m	1
最高采样分辨率/m	0.05
采样点数/个	20 000
应变测试重复性	≤±10⁻⁴
应变测试范围	−0.015～+0.015
测试量程/km	0.5、1、2、5、10、20、40、80
频率扫描范围/GHz	9.9～12.0
频率扫描间隔/MHz	1、2、5、10、20、50

5.1.3　分布式光纤原位监测方案和数据采集与处理

（1）原位监测方案

分布式传感光缆均通过勘探钻孔植入 2⁻² 煤层上覆地层中,并通过分层注浆工艺对监测孔进行封存以保证各光缆与地层达到良好耦合[210]。将分布式光纤监测孔 KYS 布设于金鸡滩煤矿 117 综放工作面上方地表,位于工作面中心轴线上,距离开切眼的水平距离为300 m(图 5-3)。

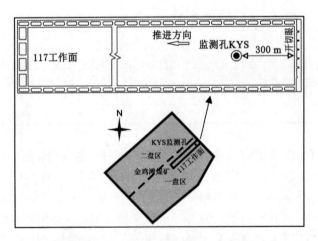

图 5-3　分布式光纤监测孔 KYS 位置示意图

KYS 钻孔设计直径为 133 mm,孔深 207 m。传感光缆下放深度为 200 m,其具体布设情况如图 5-4 所示。其中,长度为 55 m 的 MKS 和 2m IFS 用于监测采动条件下土层(即下层黄土①,下同)的应变变化,以判别导水裂缝带波及土层的厚度;长度为 200 m 的 MKS、GFRS 和 5m IFS 主要用于监测采动条件下基岩的应变变化,以判别导水裂缝带在基岩中的发育特征。

（2）数据采集与处理

地层系统		层厚/m	埋深/m	岩性	岩性柱状	传感器布设
第四系 (Q)	风积沙 (Q₄ᵉᵒˡ)	4.40	4.40	风积沙		
	萨拉乌苏组 (Q₃ᵉs)	20.70	-25.10	中砂		
		12.90	-38.00	黄土		
	离石组 (Q₃l)	4.30	-42.30	中砂	②	
		11.90	-54.20	黄土		
侏罗系 (J₂)	安定组 (J₃a)	4.90	-59.10	中粒砂岩	①	-55 m
		11.90	-71.00	粉砂岩		
		11.20	-82.20	中粒砂岩		
		4.55	-86.75	砂质泥岩		
		1.00	-87.75	粉砂岩		
		2.35	-90.10	中粒砂岩		
	直罗组 (J₂z)	2.10	-92.20	粉砂岩		
		7.90	-100.10	细粒砂岩		
		12.70	-112.80	粉砂岩		
		2.20	-115.00	砂质泥岩		
		20.50	-135.50	粉砂岩		
		4.00	-199.50	中粒砂岩		
		5.90	-145.40	粉砂岩		
		2.30	-147.70	细粒砂岩		
		7.50	-155.20	粉砂岩		
		6.15	-161.35	细粒砂岩		
		5.95	-167.30	中粒砂岩		
		8.20	-175.50	粉砂岩		
		3.00	-178.50	砂质泥岩		
		3.50	-182.00	粉砂岩		
		14.00	-196.00	中粒砂岩		
		2.30	-198.30	粉砂岩		
	延安组 (J₂y)	5.50	-203.80	粉砂岩		-200 m
		0.25	-204.05	煤线		
		2.95	-207.00	粉砂岩		
		9.20	-216.20	细粒砂岩		
		4.60	-273.60	粉砂岩		
		11.20	-284.80	2⁻²煤层		

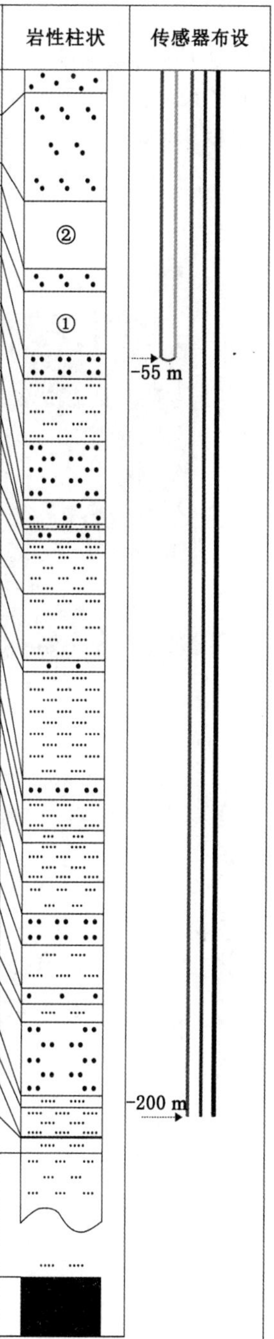

图例:
—— 金属基索状应变感测光缆(MKS) —— 光纤引线
—— 纤维加强筋应变感测光缆(GFRS)
—— 2 m定点应变感测光缆(2m IFS)
—— 矿山专用定点应变感测光缆(5m IFS)

图 5-4 分布式光纤布设示意图

根据 117 工作面实际回采进度，利用 AV6419 型光纤应变解调仪于 2019 年 2 月至 4 月对各个光纤传感器的应变数据进行现场测试(图 5-5)。测试范围为工作面未推进至监测孔前 100 m(光纤未受采动影响)至工作面推过监测孔 160 m(光纤应变变化稳定)。根据工作面回采进程，数据采集频率由工作面未推至监测孔期间的 1 次增加至工作面推过监测孔附近的 2 次，共采集 42 组数据。具体的数据采集时间和工作面与监测孔之间水平距离的关系如图 5-6 所示。

图 5-5　现场数据采集

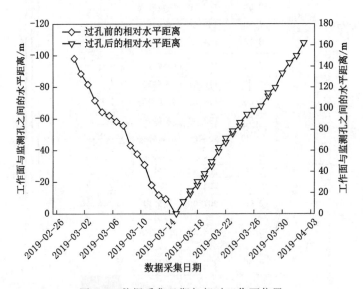

图 5-6　数据采集日期与相对工作面位置

现场采集获得的光纤应变分布曲线通过专用软件 AV6419 Analyser Standard 解译出不同深度地层的应变值，之后利用 Origin 软件进行数据分析。具体过程如下：

(1) 依据现场采集的原始光纤应变分布曲线，校正光纤测试段的实际长度，剔除出露于地表的光纤引线段的应变数据，确定光纤测试段的起点与终点。

(2) 将首次(2 月 26 日)测试获得的各个光纤的应变数据作为初始值，并将之后每次测得的应变数据与之作差，计算各个光纤的相对应变量。

（3）利用 Origin 软件绘制不同深度位置处地层的光纤应变变化曲线，并分析各个光纤的应变量随回采进尺和采动时间的变化趋势，进而分析采动条件下覆岩-土体变形破坏特征。

5.1.4　结果与分析

5.1.4.1　上覆基岩的光纤应变变化特征

三种传感光缆（5m IFS、GFRS 和 MKS）随采动过程中的应变动态变化如图 5-7 所示。图中横轴表示传感光纤的应变量；纵轴表示光纤传感器埋设的深度。其中，正应变表示上覆地层发生拉伸变形，反之，负应变表示上覆地层发生压缩变形。此外，由于各个传感光缆垂向植入上覆地层，其应变变化反映了上覆地层的垂向变形。

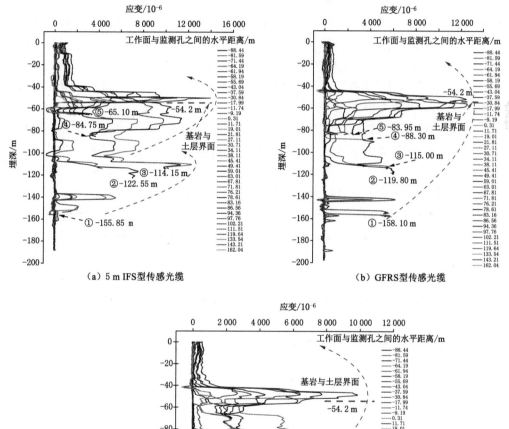

（a）5 m IFS 型传感光缆

（b）GFRS 型传感光缆

（c）MKS 型传感光缆

图 5-7　基岩应变监测结果

受采动影响,三种光缆均发生了明显的应变变形,并表现出相似的变化趋势。且上述三种光缆产生的主要为拉伸应变,压缩变形仅在地层局部出现。此外,拉伸应变的峰值和波动范围远大于压缩应变,表明煤层开采主要造成上覆地层的不均匀沉降。

在工作面未推进至监测孔期间,各个传感光缆均未产生明显应变,表明采矿扰动尚未波及-200 m深度范围内的地层。当工作面推进监测孔11.71 m时,三种光缆下部均产生了轻微的拉伸和压缩形变,其中,最大拉伸应变值为919 $\mu\varepsilon$(MKS)(注:$\mu\varepsilon$表示10^{-6},下同),最大压缩应变值为-314 $\mu\varepsilon$(MKS)。随着工作面继续推进,上覆地层受采矿扰动作用逐渐增强,三种光缆均产生显著的应变并发生了首次破断。三种光缆的首次破断位置分别为-155.85 m(5m IFS)、-158.10 m(GFRS)和-155.65 m(MKS)。这主要是因为上覆地层受采矿扰动强烈,引起覆岩沉降急剧增大并超过了光缆的极限拉伸应变值。

随着工作面持续向前推进,伴随着下部岩层的相继垮落,各个光缆的拉应变峰值位置逐渐向上部岩层移动,且各光缆的破断位置也同步向上移动。图中带圆圈的数字用以标记各光缆的破断位置。可以看出,各光缆的破断位置不一致,这主要是由于它们具有不同的机械性能和力学性能。当工作面推过监测孔94.36 m时,各个光缆在基岩和黄土层界面位置附近均产生了最大拉伸应变,其值分别为13 987 $\mu\varepsilon$(5m IFS)、12 461 $\mu\varepsilon$(GFRS)和9 862 $\mu\varepsilon$(MKS)。基岩与黄土界面属于软弱结构面,其自身的黏结作用较低以及力学强度弱,沿岩性分界面发生离层沉降,从而导致界面位置处产生最大拉伸应变。随着工作面与监测孔之间水平距离的不断增大,拉伸应变量由峰值逐渐减小,最终趋于稳定。表明土层继基岩垮落后也发生了沉降,且土层具有一定的承载能力。

三种不同类型的传感光缆监测得到的上覆地层受采动影响的应变分布特征存在一定差异。与GFRS[图5-7(b)]和MKS[图5-7(c)]相比,5 m IFS监测得到的应变数据呈现更为显著的应变峰值和清晰的波动规律[图5-7(a)]。这主要是5 m IFS本身属性引起的,即该光缆将地层局部大变形转换为两定点间的小变形,从而实现对地层大变形的持续性监测。总而言之,上述三种光缆均能准确有效地反映不同层位岩层的变形破坏特征,从而实现了对采动覆岩动态演化规律的探查与分析。

综合上述三种传感光缆的应变数据,生成采动过程中上覆地层时-空演化特征的应变变化等值线图(图5-8)。横轴表示工作面与监测孔之间的水平距离;纵轴表示上覆地层的埋深。等值线反映了不同层位的覆岩变形应变量,黑色虚线界定了一定深度范围内的岩层应变集中分布与其岩性的对应关系。

由图5-8可知,工作面推过监测孔20 m之前,光纤应变未产生明显波动,表明光缆周边围岩未受到采矿扰动影响。当工作面推过监测孔20 m之后,传感光纤产生轻微拉应变,-200范围内的围岩开始受到采矿扰动影响。随着工作面持续推进,拉应变范围和峰值逐渐增大,并逐步向上部地层扩展。当工作面推过监测孔94.36 m时,拉伸应变峰值出现在下部黄土层内(①)和基岩与土层分界面位置附近。随着工作面持续推进,拉伸应变量和范围逐渐减小,煤层开采对监测孔围岩的扰动强度逐渐减弱,上覆地层运动趋于稳定。光纤应变量和不同层位的地层呈现明显的对应关系,即较大的光纤应变量出现于不同岩性分界面、薄层较发育的层位、基岩与土层分界面以及软弱土层内部。所得结果与Zhang等[209]和Liu等[210]的结论一致。根据Ma等[212]提出的方法,计算得到顶板岩层的破断角为67.29°。

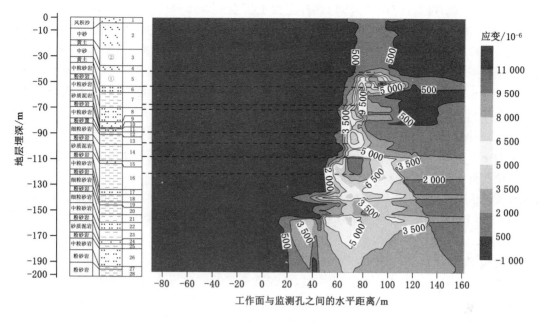

图 5-8　采动过程中基岩应变的时空分布特征

5.1.4.2　上覆土层的光纤应变变化特征

图 5-9 表示采动条件下上覆土层中两种类型光缆（MKS 和 2m IFS）的应变变化特征。其中，横轴表示传感光纤的应变量；纵轴表示光纤传感器埋设的深度。同样地，正应变表示上覆地层发生拉伸变形，反之，负应变表示上覆地层发生压缩变形。

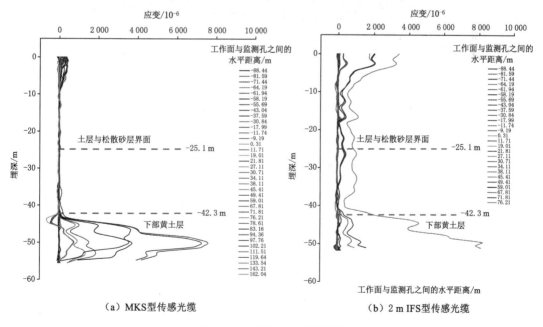

图 5-9　黄土层应变监测结果

由图5-9(a)可知,受煤层采动影响,上覆土层变形以拉伸应变为主,局部出现压缩变形,且拉伸应变范围和峰值均明显大于压缩变形。表明采动过程中土层发生了不均匀沉降。当工作面推过监测孔71.81 m时,土层开始发生轻微变形。随着工作面不断推进,上覆地层随采矿扰动强度增加,黄土层的拉伸应变峰值和范围逐渐增大。当工作面推过监测孔94.36 m时,MKS于−50.10 m深度位置达到峰值7 598 $\mu\varepsilon$。之后,随着工作面与监测孔之间距离的增大,MKS应变峰值逐渐减小,且深度段由−45.74 m至−43.38 m的土层应变由拉伸变形转变为压缩变形,这表明黄土层受到其上覆地层的挤压,并最终趋于稳定。

对于2 m IFS,其随采动期间的应变变化特征与MKS相似,即随着工作面的推进,拉伸应变峰值和范围逐渐增加[图5-9(b)]。当工作面推过监测孔76.21 m时,2 m IFS于−51.05 m深度位置达到峰值8 112 $\mu\varepsilon$。之后由于地层变形超过其极限应变,导致2m IFS发生破断。此外,在2 m IFS的顶部位置可见较大的拉伸变形,可能是光缆与地层耦合疏松引起的。

综合上述两种传感光缆的应变数据,生成采动过程中上覆土层的时-空演化特征的应变变化等值线图(图5-10)。由图5-10可知,工作面未推过监测孔71.81 m期间,土层未产生明显的应变变化。随着工作面持续推进,土层受采矿扰动强度增加,土层中拉伸应变的峰值和应变范围逐渐增大。当工作面推过监测孔94.36 m时,拉伸应变达到峰值。之后随工作面远离监测孔,拉伸应变逐渐减小并最终趋于稳定。

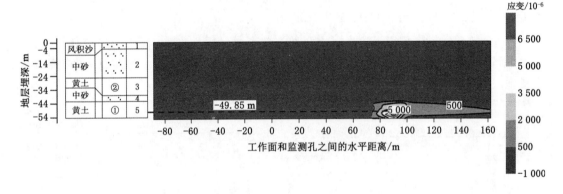

图5-10　采动过程中黄土层应变的时空分布特征

5.1.4.3　导水裂缝带发育高度

煤层开采可引起上覆地层发生垮落、破断、离层以及弯曲变形[213]。导水裂缝带形成的根本原因是采矿扰动引起上覆地层不同区域拉应力的差异性分布,从而导致上覆地层拉张破坏[214]。导水裂缝带动态发育是一个渐进的过程,可分为萌生、扩展、达到最大高度、回落、最终趋于稳定等阶段。导水裂缝带的形成开始于直接顶的垮落,并伴随覆岩的破裂逐渐向上发展,最终在覆岩运动结束后趋于稳定。

由上述各传感光缆应变数据可知,煤层开采造成上覆基岩和土层的变化特征主要为拉伸变形破坏。因此,利用CMT5000型微机电子试验机分别对上覆基岩和黄土进行直接拉伸试验,以获取其极限拉伸应变。各类基岩或土层的最大极限拉伸应变可作为判别其是否发生破断的临界值,即采动条件下基岩或土层产生的应变一旦超过其最大极限拉伸应变就会发生破坏。

图 5-11 给出了各类砂岩和黄土样品在直接拉伸条件下的应力-应变曲线,且表 5-3 列出了各个样品的特征值。由图 5-11 和表 5-3 可知,中粒砂岩样品的抗拉强度为 0.87~0.93 MPa,平均为 0.90 MPa;其极限拉伸应变为 1 030~1 620 $\mu\varepsilon$,平均为 1 284.67 $\mu\varepsilon$。细粒砂岩样品的抗拉强度为 1.02~1.27 MPa,平均为 1.12 MPa;其极限拉伸应变为 1 580~1 870 $\mu\varepsilon$,平均为 1 733.33 $\mu\varepsilon$。粉砂岩的抗拉强度为 1.59~2.01 MPa,平均为 1.81 MPa;其极限拉伸应变为 1 800~2 060 $\mu\varepsilon$,平均为 1 956.67 $\mu\varepsilon$。离石组黄土的抗拉强度为 5.21~10.37 kPa,平均为 7.78 kPa;其极限拉伸应变为 4 024~5 000 $\mu\varepsilon$,平均为 4 533 $\mu\varepsilon$。由此可得,中粒砂岩、细粒砂岩、粉砂岩和黄土的最大极限拉伸应变分别为 1 620 $\mu\varepsilon$、1 870 $\mu\varepsilon$、2 060 $\mu\varepsilon$ 和 5 000 $\mu\varepsilon$。

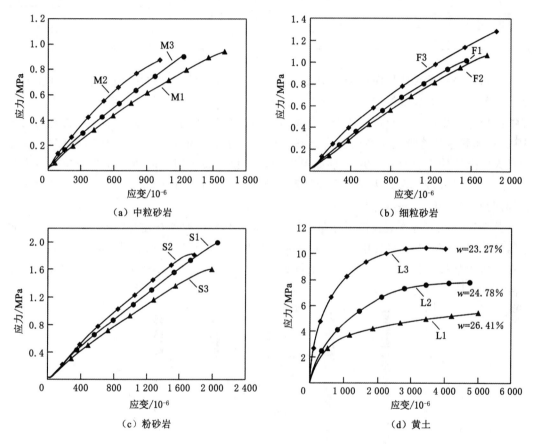

图 5-11 直接拉伸试验应力-应变曲线

表 5-3 砂岩和黄土样品的直接拉伸结果

岩性	样品编号	高度/mm	直径/mm	抗拉强度/MPa	极限拉伸应变/10^{-6}
中粒砂岩	M1	99.50	49.90	0.93	1 620
	M2	98.87	49.86	0.87	1 030
	M3	98.50	49.82	0.91	1 204

表 5-3(续)

岩性	样品编号	高度/mm	直径/mm	抗拉强度/MPa	极限拉伸应变/10^{-6}
细粒砂岩	F1	99.60	49.92	1.02	1 580
	F2	99.10	49.82	1.07	1 750
	F3	98.10	49.10	1.27	1 870
粉砂岩	S1	99.60	49.94	2.01	2 060
	S2	99.91	49.97	1.83	1 800
	S3	99.86	49.87	1.59	2 010
黄土	L1	99.65	49.94	5.21×10^{-3}	5 000
	L2	99.68	49.92	7.76×10^{-3}	4 575
	L3	99.83	49.81	10.37×10^{-3}	4 024

导水裂缝带发育顶界面可通过对比一定深度位置传感光缆的拉伸应变量与其相同深度位置覆岩的最大极限拉伸应变来确定。由图 5-8 可得,采动条件下埋设于基岩中的传感光缆的拉伸应变值均已超过各类岩层的最大极限拉伸应变,表明受采动影响各类基岩已发生破坏,即导水裂缝带发育高度已贯穿基岩层进入土层。由直接拉伸试验结果可得,黄土的最大极限拉伸应变为 5 000 $\mu\varepsilon$,因此可以确定埋设于黄土层中的传感光缆的拉伸应变值为 5 000 $\mu\varepsilon$ 的深度位置即为导水裂缝带发育高度的顶界面。由图 5-10 可知,导水裂缝带顶界埋深为 -49.85 m,进入土层 4.35 m。

图 5-12 给出了导水裂缝带顶界埋深随工作面持续推进的动态发育位置。在工作面由推过监测孔 30 m 至 71 m 过程中,导水裂缝带顶界埋深由 -157.31 m 急剧扩展至 -54.20 m。且在工作面推过监测孔 94 m 时发育至最大高度,其埋深为 -49.85 m。之后,导水裂缝带顶界有所下降并最终趋于稳定。

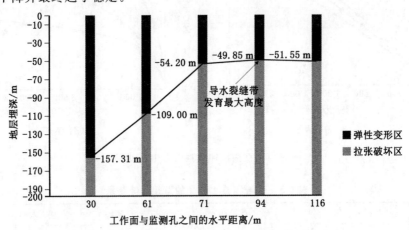

图 5-12　基于分布式光纤监测得到的导水裂缝带动态发育高度

因此,导水裂缝带发育最大高度可由式(5-5)求得:

$$H_{\mathrm{m}} = D_{\mathrm{t}} - D_{\mathrm{f}} - M \tag{5-5}$$

式中,H_{m} 为导水裂隙带发育最大高度,m;D_{t} 为导水裂缝带顶界埋深,即 -49.85 m;

D_f 为 2^{-2} 煤层底板埋深,即 -284.80 m;M 为工作面采放煤厚度,即 9.52 m。

由此可得,导水裂缝带发育最大高度为 225.43 m,裂采比为 23.68。

5.2 基于光纤光栅传感技术的采场覆岩-土体位移及含水性变化动态监测

5.2.1 布拉格光纤光栅传感技术(FBG)的基本原理

布拉格光纤光栅传感器是通过改变光纤芯区折射率,使其产生小的周期性调制而形成的[215]。当应力或温度发生改变时,光纤产生轴向应变,应变使得光栅周期变大,同时光纤芯层和包层半径变小,通过光弹性效应改变了光纤的折射率,从而引起光栅波长偏移。利用应变与光栅波长偏移量的线性关系,即可计算得出被测物体的应变量。光纤光栅传感技术的基本原理如图 5-13 所示。

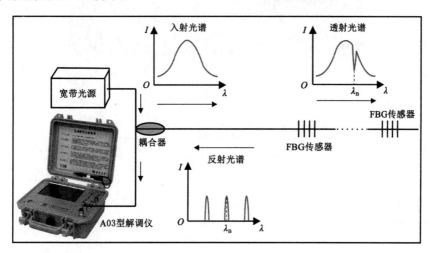

图 5-13　光纤光栅传感技术的基本原理

FBG 反射波长与栅格间距及光纤折射率相关,并存在以下关系:

$$\lambda_B = 2n\Lambda \qquad (5\text{-}6)$$

式中,λ_B、n 和 Λ 分别为反射波长、光纤折射率和栅格间距。

当光纤受到应力或温度变化影响时,将引起栅格间距和折射率的变化,从而导致反射波长发生相应的漂移。反射波长的变化与应变和温度变化存在以下线性关系,且相互独立:

$$\Delta\lambda_B = \alpha_\varepsilon \times \varepsilon + \alpha_T \times \Delta T \qquad (5\text{-}7)$$

式中,$\Delta\lambda_B$ 为反射波长漂移量;α_ε 和 α_T 分别为光纤光栅的应变灵敏度系数和温度灵敏度系数;ε 为应变量;ΔT 为温度变化值。

因此,通过测定反射波长 λ_B 的漂移量即可获得光纤的应变量,进而获取被测物体的变形量。

5.2.2 光纤光栅传感器及解调设备

(1) 光纤光栅传感器

光纤光栅传感器包括光纤光栅位移计(FBGD)[图 5-14(a)]和光纤光栅渗压计(FBGO)[图 5-14(b)]。其中,位移计用于监测采动条件下上覆岩土体不同层位的位移动态变化特征;渗压计用于监测采动条件下下层黄土(①,下同)不同深度位置处的孔隙水压动态变化特征。位移计的量程为 1 m,且自带温度补偿;渗压计配合温度计使用,温度计用于渗压计测试过程中的温度补偿,以消除温度变化对测试精度的影响。其技术参数如表 5-4 所示。

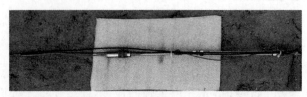

（a）位移计

（b）渗压计

图 5-14　光纤光栅位移计和渗压计

表 5-4　光纤光栅位移计和渗压计的技术参数

传感器类型	外形尺寸/mm	量程/mm 或/kPa	精度	分辨率	光栅中心波长/nm	反射率/%
位移计	$\phi 26 \times 346$	10,50,100,1 000	1‰F. S.	0.5‰F. S.	1 510~1 590	≥90
渗压计	$\phi 50 \times 22$	200,400,600,800,1 000, 1 500,2 000,4 000	1‰F. S.	0.5‰F. S.	1 510~1 590	≥90

注:F. S. 表示满量程。

（2）解调设备

光纤光栅解调设备采用便携式 A03 型光纤光栅解调仪(图 5-13),由苏州南智传感科技有限公司研制,具有测试精度高、体积小、易携带以及自身供电等特点,适用于现场工程环境。其具体性能参数见表 5-5。

表 5-5　A03 光纤光栅解调仪的技术参数

参　数　指　标	参　数　值
通道数	2
波长范围/nm	1 527~1 568
波长分辨率/pm	1
重复性/pm	±2
解调速率/Hz	1
动态范围/dB	45

5.2.3 光纤光栅原位监测方案和数据采集与处理

（1）原位监测方案

光纤光栅位移计和渗压计均随分布式传感光缆一同通过监测孔 KYS 植入 2⁻² 煤层上覆地层中（图 5-3）。针对覆岩变形位移量大的特点，为保证各传感器在采动过程中的成活率，位移计采用 10 m 标距，并将 10 个传感器分为 3 组并联起来，每组串联并设有回路，回路一端也可监测；渗压计共 5 个，并与 2 个温度计共同分为两组，每组串联并设有回路。具体布设情况如图 5-15 所示。

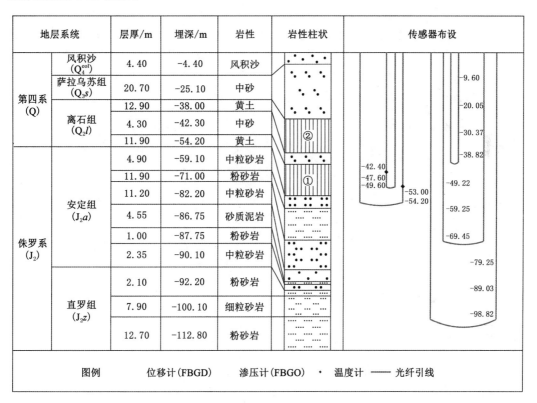

地层系统		层厚/m	埋深/m	岩性	岩性柱状	传感器布设
第四系 (Q)	风积沙 (Q₄ᵉᵒˡ)	4.40	−4.40	风积沙		
	萨拉乌苏组 (Q₃s)	20.70	−25.10	中砂		
		12.90	−38.00	黄土		
	离石组 (Q₂l)	4.30	−42.30	中砂		
		11.90	−54.20	黄土		
侏罗系 (J₂)	安定组 (J₂a)	4.90	−59.10	中粒砂岩		
		11.90	−71.00	粉砂岩		
		11.20	−82.20	中粒砂岩		
		4.55	−86.75	砂质泥岩		
		1.00	−87.75	粉砂岩		
		2.35	−90.10	中粒砂岩		
	直罗组 (J₂z)	2.10	−92.20	粉砂岩		
		7.90	−100.10	细粒砂岩		
		12.70	−112.80	粉砂岩		
图例		位移计(FBGD)		渗压计(FBGO)・ 温度计 ── 光纤引线		

图 5-15　光纤光栅传感器布设示意图

（2）数据采集与处理

根据 117 工作面实际回采进度，利用 A03 型光纤光栅解调仪对光纤光栅位移计、渗压计和温度计的波长数据进行现场采集。测试范围、测试时间以及数据采集频率与分布式传感光纤测试一致。

将采集得到的位移计波长数据和与其串联的温度计波长数据，代入式（5-8）即可得到不同层位岩层的位移量：

$$D_r = K_s \times [(P_s - P_{s0}) - (P_T - P_{T0})] \tag{5-8}$$

式中，D_r 为位移量，mm；K_s 为传感器位移与波长系数值的比值，为一常数，mm/nm；P_s 和 P_{s0} 分别为光纤光栅位移计测量时波长和初始波长，nm；P_T 和 P_{T0} 分别为光纤光栅温度计测量时波长和初始波长，nm。

将采集得到的渗压计波长数据和与其串联的温度计波长数据,代入式(5-9)即可得到不同埋深位置处地层的孔隙水压力:

$$P_r = K_p \times \left[(P_m - P_{m0}) - K_t \times K_m \times (P_T - P_{T0}) \right] \tag{5-9}$$

式中,P_r 为孔隙水压力,MPa;K_p 为光纤光栅渗压计压力与波长的比值,为一常数,MPa/nm;P_m 和 P_{m0} 分别为渗压计测量时波长和初始波长,nm;K_t 为波长偏移值与温度的比值,为一常数,nm/℃;K_m 为温度计测量值与波长的比值,为一常数,℃/nm;P_T 和 P_{T0} 分别为温度计测量时波长和初始波长,nm。

5.2.4 结果与分析

图 5-16 给出了上覆地层不同深度位置处由光纤光栅位移计测得的采动条件下地层的位移量。其中,横轴表示工作面与监测孔之间的水平距离;纵轴表示位移传感器测得的地层垂向位移量。正位移值代表位移计产生了拉伸变形,表示地层发生不均匀沉降;负位移值代表位移计产生了压缩变形,表示地层发生了挤压变形。

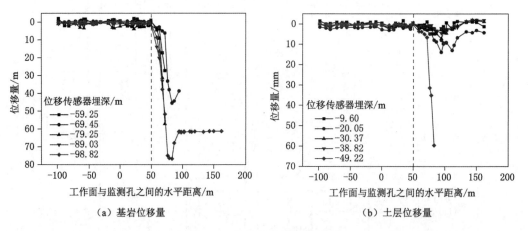

图 5-16 基岩和土层的位移量

由图 5-16(a)可得,在工作面推过监测孔 50 m 之前阶段,基岩层段的位移量仅出现轻微的波动,未发生明显的位移;表明监测范围内的基岩尚未受到采动影响。当工作面推过监测孔 50 m 时,监测到的各深度位置处的基岩开始发生向下的拉张运动,产生不均匀沉降。当工作面推过监测孔 83.16 m 时,埋深为 -98.82 m 位置处的基岩产生最大的位移量为 76.65 mm。随后其位移量减小至 61.25 mm,并最终趋于稳定。位移量出现降低可能是破断岩层发生回转,导致其一端发生相对抬升造成的。当工作面推过监测孔 67.81 m 和 71.81 m 时,埋深为 -89.03 m 和 -79.25 m 位置处的基岩达到最大位移量,分别为 33.08 mm 和 57.17 mm。之后,引线发生破断导致后续的数据无法采集得到。此外,埋深为 -69.45 m 和 -59.25 m 位置处的基岩分别在工作面推过监测孔 83.16 m 和 71.81 m 时产生了最大位移量,分别为 45.55 mm 和 27.26 mm。由位移数据可得,采动条件下不同层位基岩的位移量不同,主要是采矿扰动强度造成的。总体而言,基岩埋深越大,受采矿扰动越剧烈,其移动变形越强烈。

由图 5-16(b)可得,当工作面推过监测孔 50 m 之后,埋深为 −49.22 m 位置处的土层发生明显的向下位移。且其在工作面推过监测孔 83.16 m 时达到最大位移量为 59.61 mm。之后引线发生破断,未能监测到之后的数据。而下部土层以上地层产生的位移量较小,且埋深为 −20.05 m 位置处的地层,随采矿扰动产生的最大位移量为 13.99 mm。除此之外,埋深为 −38.82 m、−30.37 m 和 −9.60 m 位置处的地层的位移量随工作面推进仅产生轻微的波动,采矿扰动影响较小。

图 5-17(a)给出了光纤光栅渗压计测得的采动过程不同深度的下层黄土的孔隙水压动态变化情况。其中,横轴表示工作面与监测孔之间的水平距离;纵轴表示不同深度土层的孔隙水压力值。图 5-17(b)表示采动期间潜水水位变化情况。其中,横轴代表工作面与监测孔之间的水平距离;纵轴代表潜水水位变化特征。

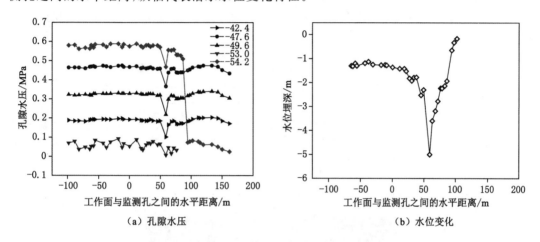

图 5-17　采动过程中黄土层的孔隙水压和水位变化

由结果可知,埋深为 −54.2 m、−53.0 m、−49.6 m、−47.6 m、−42.4 m 位置处的土层的初始孔隙水压分别为 0.58 MPa、0.07 MPa、0.32 MPa、0.46 MPa 和 0.19 MPa。且不同深度的土层的水压不同,表明土层含水量不均匀。深度 −54.2 m 为风化基岩和土层的分界面,受风化基岩水压影响,土层底部水压较高。在工作面推过监测孔 50 m 之前阶段,各渗压计监测到的土层不同深度处的水压呈轻微波动,均无明显变化,还未受到采动影响。当工作面推过监测孔 59.01 m 时,各深度处的水压均显著下跌,与水位变化一致[图 5-17(b)],主要是由于上覆潜水向沉降区侧向补给引起水压降低造成的。之后随着工作面的持续推进,水压逐渐得到恢复。可能是因为监测孔位置附近的地层也发生了沉降并得到周边潜水的侧向补给造成的。当工作面推过监测孔 94.36 m 时,埋深为 −54.2 m 位置处的土层的水压由 0.51 MPa 急剧降低至 0.07 MPa,表明风化基岩中的承压水已发生漏失,同时也说明了导水裂缝带已发育至风化基岩顶界从而引起风化基岩中的承压水漏失并造成水压迅速减小,且验证了上述 5.1.4.3 所得结果,即导水裂缝带已贯穿基岩层。最终水压稳定在 0.03 MPa。此外,埋深为 −53.0 m 位置处的渗压计在工作面推过监测孔 78.61 m 时其引线发生破断,导致无法监测之后的数据。

5.3 采动覆岩导水裂缝带发育高度理论分析

基于关键层理论[216]，通过关键层位置判定、软弱岩层受力弯曲变形分析、极限跨距计算以及岩层下部自由空间计算等步骤，对金鸡滩煤矿 117 综放工作面煤层开采过程中导水裂缝带发育高度进行计算分析。

5.3.1 关键层位置判定及软弱岩层受力分析

（1）关键层判别条件

关键层对采场覆岩活动全部或局部起着控制作用。假设采场上覆岩层有 m 层，自下而上 $n(n \leqslant m)$ 层同步变形，并假设各岩层上所受荷载均匀分布（图 5-18）。且每层岩层的厚度和重度分别为 h_i 和 $\gamma_i (i = 1, 2, 3, \cdots, m)$。

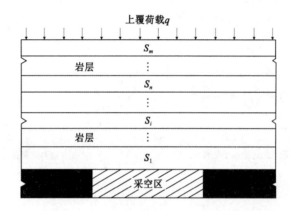

图 5-18 关键层上覆荷载分析模型

根据关键层的变形特征和支撑特性可得，若存在 n 层岩层同步协调变形，则第 $n+1$ 层以上岩层已不需要下部岩层承担其所承受的上覆荷载，必满足：

$$q_1|_{n+1} < q_1|_n \tag{5-10}$$

$$q_1|_n = \frac{E_1 h_1^3 (\gamma_1 h_1 + \gamma_2 h_2 + \gamma_3 h_3 + \cdots + \gamma_n h_n)}{E_1 h_1^3 + E_2 h_2^3 + E_3 h_3^3 + \cdots + E_n h_n^3} \tag{5-11}$$

式中，$q_1|_{n+1}$ 和 $q_1|_n$ 分别为第 $n+1$ 和 n 层岩层作用于第 1 层关键层的上覆荷载；$E_i(i = 1, 2, 3, \cdots, n)$ 为各个岩层的杨氏模量；h_i 和 $\gamma_i (i = 1, 2, 3, \cdots, n)$ 分别为第 i 层岩层的厚度和重度。

以上即满足关键层判别的刚度（变形）条件。

此外，当 $n+1 < m$ 条件下，第 $n+1$ 层岩层并非为边界层，仍需了解其荷载和强度条件。此时，若第 $n+1$ 层岩层为关键层，还需满足关键层的强度判别条件，即

$$l_{n+1} > l_1 \tag{5-12}$$

$$l_i = h_i \sqrt{\frac{2\sigma_{ti}}{q_i}} \tag{5-13}$$

式中，l_{n+1} 为第 $n+1$ 层关键层的破断距，m；l_1 为第 1 层关键层的破断距，m；h_i 为第 i 层坚

硬岩层的厚度，m；σ_{ti} 为第 i 层坚硬岩层的抗拉强度，MPa；q_i 为第 i 层坚硬岩层承受的上覆荷载，MPa。

在式(5-12)和式(5-13)均成立的条件下，即可判别第 1 层关键层所控制的岩层层数。若 $n=m$，则第 1 层关键层为主关键层；若 $n<m$，则第 1 层关键层为亚关键层。

（2）软弱岩层受力弯曲变形分析

软弱岩层一般为上覆岩层组中力学强度低、抗变形能力强的岩层，如泥岩和黄土等，采动条件下其随关键层协调同步变形。导水裂缝带内的软弱岩层仍保持原有的层状结构，故可将其简化为连续岩体。因此，可利用固支梁力学模型计算其水平拉伸变形以判断软弱岩层的破坏情况。

设软弱岩层受力变形的挠曲方程为

$$\omega = a_1\left(1+\cos\frac{2\pi x}{l}\right) + a_2\left(1+\cos\frac{6\pi x}{l}\right) + \cdots + a_n\left(1+\cos\frac{2(2n-1)\pi x}{l}\right) \quad (5\text{-}14)$$

且存在

$$a_n = \frac{ql^4}{\pi EJ(2n-1)\left[2(2n-1)\pi\right]^3} \quad (5\text{-}15)$$

因此，计算可得其最大挠度 $\omega_{\max}$ 为：

$$\omega_{\max} = \frac{5ql^4}{384EJ} \quad (5\text{-}16)$$

式中，J 为软弱岩层的惯性矩。

固支梁发生弯曲后其产生的水平拉伸变形 ε 为：

$$\varepsilon = \frac{3qly}{4Eh^3} \quad (5\text{-}17)$$

式中，y 为固支梁横截面任意一点与中性层之间的距离，m。

当 $y=h/2$ 时，固支梁的水平拉伸变形量最大，则有：

$$\varepsilon_{\max} = \frac{3ql}{8Eh^2} \quad (5\text{-}18)$$

软弱岩层的临界水平拉伸变形值为 1.00 mm/m[217]，则由式(5-18)计算得到的软弱岩层产生最大水平拉伸变形时的跨距 l_r 为：

$$l_r = \frac{Eh^2}{375q} \quad (5\text{-}19)$$

基于上述计算分析，根据 117 工作面上覆地层赋存特征以及岩石物理力学性质，对上覆地层中的关键层和软弱岩层的位置进行了判定，结果如表 5-6 所示。

表 5-6　关键层和软弱岩层位置的判定

序号	岩性	厚度/m	重度/(kN/m³)	杨氏模量/GPa	抗拉强度/MPa	是否为关键层	是否为软岩
1	风积沙	7.1	16.00	0.008	0.002		
2	中砂	8.7	16.00	0.01	0.002		
3	细砂	10.4	16.00	0.01	0.002		
4	粗砂	13.8	16.00	0.01	0.002		
5	黄土	21.1	18.60	0.30	0.03		是

表 5-6(续)

序号	岩性	厚度/m	重度/(kN/m³)	杨氏模量/GPa	抗拉强度/MPa	是否为关键层	是否为软岩
6	中粒砂岩	6.5	22.60	9.78	5.62		
7	粉砂岩	3.7	23.50	13.97	9.26		
8	细粒砂岩	2.7	22.90	15.59	6.01		
9	粉砂岩	3.5	23.50	13.97	9.26		
10	粗粒砂岩	8.0	21.60	2.10	1.08		
11	细粒砂岩	1.9	22.90	15.59	6.01		
12	砂质泥岩	3.3	23.60	6.08	5.47		是
13	中粒砂岩	4.3	22.60	9.78	5.62		
14	粉砂岩	5.4	23.50	13.97	9.26		
15	细粒砂岩	5.9	22.90	15.59	6.01		
16	砂质泥岩	3.5	23.60	6.08	5.47		是
17	中粒砂岩	5.4	22.60	9.78	5.62		
18	粉砂岩	3.3	23.50	13.97	9.26		
19	中粒砂岩	7.0	22.60	9.78	5.62		
20	粉砂岩	10.3	23.50	13.97	9.26		
21	中粒砂岩	8.3	22.60	9.78	5.62		
22	细粒砂岩	2.5	22.90	15.59	6.01		
23	粉砂岩	4.9	23.50	13.97	9.26		
24	细粒砂岩	3.5	22.90	15.59	6.01		
25	粗粒砂岩	2.2	21.60	2.10	1.08		
26	粉砂岩	8.9	23.50	13.97	9.26		
27	细粒砂岩	21.2	22.90	15.59	6.01	主关键层	
28	粉砂岩	8.1	23.50	13.97	9.26		
29	砂质泥岩	2.4	23.60	6.08	5.47		是
30	粉砂岩	8.6	23.50	13.97	9.26		
31	细粒砂岩	5.2	22.90	15.59	6.01		
32	粉砂岩	7.6	23.50	13.97	9.26		
33	细粒砂岩	8.1	22.90	15.59	6.01		
34	中粒砂岩	9.1	22.60	9.78	5.62		
35	粉砂岩	13.9	23.50	13.97	9.26	亚关键层	
36	细粒砂岩	5.5	22.90	15.59	6.01		
37	粉砂岩	4.0	23.50	13.97	9.26		
38	细粒砂岩	9.2	22.90	15.59	6.01	亚关键层	
39	粉砂岩	4.6	23.50	13.97	9.26		

5.3.2　工作面推进距离及岩层自由空间计算

根据上述计算推导所得的关键层和软弱岩层的极限跨距 l，可得关键层和软弱岩层破断时的工作面推进距离，即

$$L_g = \sum_{i=1}^{m} h_i \cot \varphi_f + l_g + \sum_{i=1}^{m} h_i \cot \varphi_a \tag{5-20}$$

$$L_r = H_r \cot \varphi_f + l_r + H_r \cot \varphi_a \tag{5-21}$$

式中，L_g 和 L_r 分别为关键层和软弱岩层破断时的工作面推进距离，m；φ_f 和 φ_a 分别为岩层破断的前方和后方破断角，根据分布式光纤现场实测结果，均取值为 67.29°；H_r 为软弱岩层底界面至煤层顶板的距离，m。

煤层采出后形成采空区，造成采空区上覆地层由下至上发生垮落、断裂和弯曲变形。随着采空区被破碎的岩体逐渐充填和压实，上覆地层的自由移动空间逐渐减小，直至其自由空间高度不足以提供岩层发生破断所需的高度。此时，上覆岩层停止破断，导水裂缝带发育高度趋于稳定。上覆岩层的自由空间高度 S_i 可由下式计算得到，即

$$S_i = M - \sum_{j=1}^{i-1} h_j (k_j - 1) \tag{5-22}$$

式中，M 为煤层采厚，m；h_j 为第 j 层岩层的厚度，m；k_j 为第 j 层岩石的残余碎胀系数。

岩石的残余碎胀系数指破碎的岩石受上覆地层的压实作用，导致破碎后的岩石体积减小，并最终达到一稳定值。此时，岩石的体积与未破碎前完整岩石的体积之比即岩石的残余碎胀系数，其值大于或等于 1。仅从岩性方面而言，坚硬岩石的残余碎胀系数大于软弱岩石的残余碎胀系数，其具体取值范围如表 5-7 所示。

表 5-7　不同岩石残余碎胀系数的取值范围

残余碎胀系数	岩性				
	砂	黏土	软弱岩石	中硬岩石	坚硬岩石
	1.00～1.01	1.01～1.02	1.02 左右	1.03 左右	1.04 左右

5.3.3　导水裂缝带发育高度判定

导水裂缝带内的岩层因其岩性差异而具有不同的变形破坏特征。由 4.2 节所得结果可知，坚硬砂岩以脆性破坏为主，有利于导水裂缝带的扩展。而软弱岩层以塑性破坏为主，对导水裂缝带发育具有一定的抑制作用[218]。基于上述计算所得的关键层和软弱岩石的极限跨距、工作面推进距离以及软弱岩石的极限挠度，可判定导水裂缝带发育高度随工作面推进过程的变化情况。导水裂缝带发育高度的判定原则如下所述。

（1）当关键层的悬露距离小于其极限跨距时，关键层不会发生破断，关键层上部地层也不会发生破断，导水裂缝带终止发育；当关键层的悬露距离大于其极限跨距时，但其下部无自由空间，关键层仍不会发生破断，关键层上部地层也不会发生破断，导水裂缝带发育终止。

（2）当软弱岩层下部的自由空间高度小于其极限挠度时，可认为软弱岩层未发生破断，

导水裂缝带于该软弱岩层底界面终止发育;反之则导水裂缝带继续向上发育。

117 工作面煤层采厚为 9.52 m,其上覆地层的自由空间高度及变形破坏情况如表 5-8 所示。由表 5-8 和图 5-19 可得,工作面推进 17.31 m 时,序号为 38# 的亚关键层细粒砂岩发生破断,此时导水裂缝带发育至 36# 细粒砂岩顶界,高度为 34.50 m。当工作面推进 46.08 m 时,序号为 35# 的亚关键层粉砂岩发生破断,其控制的 34～30# 岩层也发生破断,此时导水裂缝带发育高度为 87.00 m。随着工作面推进 86.12 m 时,29# 软弱岩层砂质泥岩的极限挠度为 0.09 m,远小于其下部自由空间高度 5.94 m,故其发生破断,此时导水裂缝带发育高度为 97.50 m。当工作面推进 111.85 m 时,27# 主关键层细粒砂岩发生破断,导水裂缝带发育至 17# 中粒砂岩顶界,高度为 175.00 m。当工作面推进 233.34 m 时,16# 软弱岩层砂质泥岩的极限挠度为 1.10 m,小于其下部自由空间高度 2.36 m,故其发生破断,此时导水裂缝带发育高度为 194.10 m。当工作面推进 261.63 m 时,12# 软弱岩层砂质泥岩的极限挠度为 1.49 m,小于其下部自由空间高度 1.74 m,故其发生破断,此时导水裂缝带发育高度为 223.70 m。5# 软弱岩层黄土的极限挠度为 4.12 m,大于其下部自由空间高度 0.90 m,故可认为黄土层未发生破断。由此可得,导水裂缝带终止于 5# 黄土层底界,最大发育高度为 223.70 m。

表 5-8　导水裂缝带发育高度的理论计算结果

序号	岩性	残余碎胀系数	自由空间高度/m	是否破断	推进距离/m
1	风积沙	1	0.69		
2	中砂	1	0.69		
3	细砂	1	0.69		
4	粗砂	1	0.69		
5	黄土	1.010	0.90	否	
6	中粒砂岩	1.025	1.07	是	261.63
7	粉砂岩	1.045	1.23	是	261.63
8	细粒砂岩	1.035	1.33	是	261.63
9	粉砂岩	1.045	1.48	是	261.63
10	粗粒砂岩	1.015	1.60	是	261.63
11	细粒砂岩	1.035	1.67	是	261.63
12	砂质泥岩	1.020	1.74	是	261.63
13	中粒砂岩	1.025	1.84	是	233.34
14	粉砂岩	1.045	2.09	是	233.34
15	细粒砂岩	1.035	2.29	是	233.34
16	砂质泥岩	1.020	2.36	是	233.34
17	中粒砂岩	1.030	2.52	是	111.85
18	粉砂岩	1.045	2.67	是	111.85
19	中粒砂岩	1.030	2.88	是	111.85
20	粉砂岩	1.045	3.35	是	111.85

表 5-8(续)

序号	岩性	残余碎胀系数	自由空间高度/m	是否破断	推进距离/m
21	中粒砂岩	1.030	3.60	是	111.85
22	细粒砂岩	1.035	3.68	是	111.85
23	粉砂岩	1.050	3.93	是	111.85
24	细粒砂岩	1.035	4.05	是	111.85
25	粗粒砂岩	1.030	4.12	是	111.85
26	粉砂岩	1.050	4.56	是	111.85
27	细粒砂岩	1.040	5.41	是	111.85
28	粉砂岩	1.060	5.90	是	86.12
29	砂质泥岩	1.020	5.94	是	86.12
30	粉砂岩	1.060	6.46	是	46.08
31	细粒砂岩	1.040	6.67	是	46.08
32	粉砂岩	1.060	7.12	是	46.08
33	细粒砂岩	1.040	7.45	是	46.08
34	中粒砂岩	1.030	7.72	是	46.08
35	粉砂岩	1.050	8.42	是	46.08
36	细粒砂岩	1.040	8.64	是	17.31
37	粉砂岩	1.060	8.88	是	17.31
38	细粒砂岩	1.040	9.24	是	17.31
39	粉砂岩	1.060	9.52	是	8.20

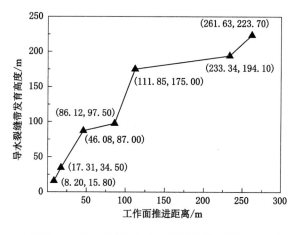

图 5-19　基于关键层理论得到的导水裂缝带发育高度

5.4 采动覆岩-土体变形破坏数值模拟分析

煤层顶板覆岩呈层状结构,具有明显的不连续性、非均质性和各向异性。基于此,采用非连续介质力学方法的离散元软件 3DEC 对于不连续岩体运动的模拟仿真具有良好的适用性。因此,本节利用 3DEC 数值模拟软件对金鸡滩煤矿 117 综放工作面采动过程中覆岩运动规律进行模拟分析。通过分析顶板覆岩采动过程中的应力动态演化特征,确定采动条件下导水裂缝带动态发育高度,从而揭示超大采高综放采场导水裂缝带规律。

5.4.1 3DEC 离散元软件简介

3DEC 是一款以离散单元法作为基本理论,用于描述离散介质力学行为的计算分析程序,适用于非均质岩体介质移动变形的模拟软件[219]。离散单元法基于牛顿第二运动定律,将节理岩体定义为具有多种属性的块体,并利用内嵌的 FISH 语言自定义模型内部不连续面属性,允许块体沿不连续面发生滑移、错动以及分离,从而实现对节理岩体的非连续变形的仿真。单个块体可定义为刚性材料或可变形材料,可变形块体被再次划分为有限差分单元网格,且每一单元根据规定的“应力-应变”准则,表现为线性或非线性特征。不连续面的运动由切向或法向上线性或非线性的应力-位移关系控制。3DEC 基于“拉格朗日”算法对块体系统的变形与大位移进行运算。

天然状态下,岩体由结构面和结构体组成,表现为离散特征。其结构特征可通过 3DEC 内嵌的 FISH 语言程序自定义结构面及其结合程度较好的材料模型和特征参数。其中,岩石块体的变形特性由体积模量和剪切模量表征;块体的强度特征取决于内聚力、内摩擦角以及抗拉强度;接触面的变形特征则由法向刚度和切向刚度表征。当块体之间的接触力尚未超过其接触强度时,模型仅产生变形;当块体间的接触法向应力超过其抗拉强度时,模型产生拉伸破坏;当块体间的接触切向应力超过其抗剪强度时,模型产生剪切破坏。

在 3DEC 建模过程中,首先根据岩体岩性及其结构参数划分出不同属性的岩石块体单元,并生成不连续面和节理。然后,确定模型位移和应力边界条件,并对模型进行初始平衡验算,构建地质模型。利用模型模拟煤层开挖,并对模型进行迭代计算,从而将模型应力和位移对于开挖的响应做分析解释。

5.4.2 数值模型的建立

以 KYT3 勘探钻孔揭露的地层作为 117 工作面数值建模的基础,通过室内试验测得各地层岩石的物理力学参数(表 5-9),并确定不同岩层接触面的力学参数[220]。利用 3DEC 数值模拟软件构建长度为 500 m、高度为 303 m、宽度为 2 m 的仿真模型(图 5-20)。模型设置中各岩层倾角均为水平状态。根据各岩层岩性特征和裂隙发育特征对岩组进行划分并作离散元处理,且设置相应的节理。网格划分之后,设置 4 个侧面和底面的边界条件,即将模型侧面边界设置为水平位移、底面边界设置为垂直与水平方向位移、顶面设置为自由运动。模拟开挖厚度为 9.5 m,每步开挖 10 m(与实际回采进尺一致),共计开挖 300 m。采用全部垮落法管理顶板。

表 5-9 构建模型所用的岩土层物理力学参数

序号	岩性	厚度/m	密度/(kg/cm³)	抗拉强度/MPa	杨氏模量/GPa	泊松比	内聚力/MPa	内摩擦角/(°)
1	砂层	40	1 600	0.002	0.008	0.35	0.14	15
2	黄土	20	1 860	0.03	0.30	0.36	0.36	23
3	中粒砂岩	7	2 260	5.62	9.78	0.25	4.80	41
4	粉砂岩	10	2 350	9.26	13.97	0.24	5.15	40
5	粗粒砂岩	10	2 160	1.08	2.10	0.22	4.78	51
6	砂质泥岩	3	2 360	5.47	6.08	0.20	3.90	42
7	中粒砂岩	4	2 260	5.62	9.78	0.25	4.80	41
8	粉砂岩	11	2 350	9.26	13.97	0.24	5.15	40
9	砂质泥岩	4	2 360	5.47	6.08	0.20	3.90	42
10	中粒砂岩	16	2 260	5.62	9.78	0.25	4.80	41
11	粉砂岩	10	2 350	9.26	13.97	0.24	5.15	40
12	中粒砂岩	8	2 260	5.62	9.78	0.25	4.80	41
13	细粒砂岩	13	2 290	6.01	15.59	0.33	4.88	42
14	粉砂岩	9	2 350	9.26	13.97	0.24	5.15	40
15	细粒砂岩	21	2 290	6.01	15.59	0.33	4.88	42
16	粉砂岩	19	2 350	9.26	13.97	0.24	5.15	40
17	细粒砂岩	21	2 290	6.01	15.59	0.33	4.88	42
18	中粒砂岩	9	2 260	5.62	9.78	0.25	4.80	41
19	粉砂岩	37	2 350	9.26	13.97	0.24	5.15	40
20	2⁻² 煤层	11	1 450	1.04	7.36	0.26	2.37	33
21	粉砂岩	20	2 350	9.26	13.97	0.24	5.15	40

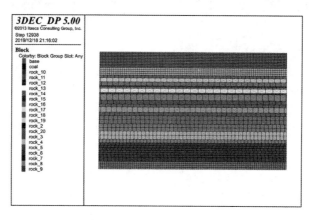

图 5-20 3DEC 数值仿真模型

5.4.3 结果与分析

在模拟工作面开挖的过程中，分别得到了工作面开挖 40 m、100 m、140 m、180 m、240 m 以及 280 m 时的覆岩应力空间分布情况（图 5-21）。且将覆岩塑性区的最高点作为导水裂缝带发育的最大高度[221]。因此，由应力分布状态即可判定开挖段导水裂缝带发育高度。

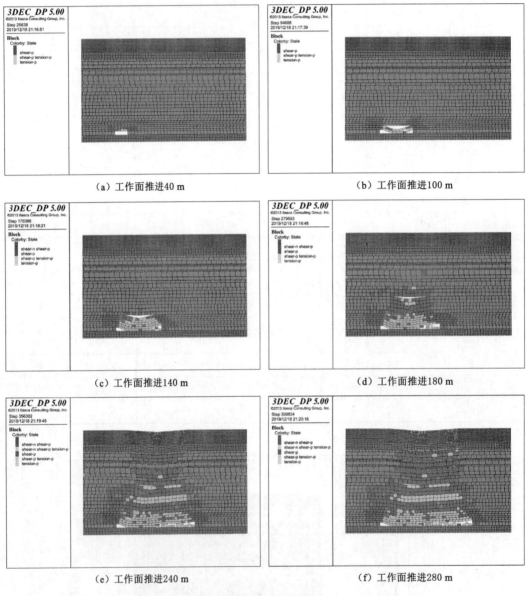

（a）工作面推进40 m   （b）工作面推进100 m

（c）工作面推进140 m   （d）工作面推进180 m

（e）工作面推进240 m   （f）工作面推进280 m

图 5-21　采动条件下上覆地层塑性区分布特征

由图 5-21(a)可知，当工作面推进 40 m 时，覆岩塑性区范围较少，主要分布于采空区两端，且出现明显的剪切应力集中现象；而采空区正上方仅存在少量的拉张破坏区。当工作面推进 100 m 时，覆岩塑性区范围扩大，采空区两端发生明显的剪切破坏；采空区顶板悬空长度超过其极限破断距,造成直接顶垮落[图 5-21(b)]。当工作面推进 140 m 时,拉张破坏范围增大,导水裂缝带发育高度增大至 59.39 m;采空区正上方直接顶垮落范围不断扩展,并出现明显的层间离层现象;剪切破坏主要分布于采空区两端,且随着工作面的推进其范围持续扩大[图 5-21(c)]。当工作面推进 180 m 时,覆岩塑性区范围迅速增大,导水裂缝带高度发育至 120.21 m;基本顶发生垮落,先前形成的离层因受压实而闭合,并形成新的高位离层[图 5-21(d)]。当工作面推进 240 m 时,导水裂缝带高度发育至 221.39 m,位于基岩顶界位置;岩层中的离层被压实,且地表局部出现轻微的弯曲下沉现象[图 5-21(e)]。当工作面推进 280 m 时,覆岩达到充分采动,导水裂缝带发育最大高度为 226.57 m,进入土层 5.49 m[图 5-21(f)]。

图 5-22 所示为采动过程中导水裂缝带动态发育高度。由图 5-22 可知,在工作面推进距离为 20 m 至 100 m 的过程中,导水裂缝带发育高度由 0 m 增加至 39.05 m;在工作面推进距离为 100 m 至 240 m 的过程中,导水裂缝带发育高度由 39.05 m 迅速增加至 221.39 m。这表明此期间覆岩受采动影响变形破坏剧烈。在工作面推进距离为 240 m 至 280 m 的过程中,导水裂缝带发育高度由 221.39 m 增加至 226.57 m,仅增加了 5.18 m。这表明采矿活动对浅部地层的扰动程度大大降低。之后,随着工作面的推进,上覆地层达到充分采动,导水裂缝带发育最大高度稳定在 226.57 m。

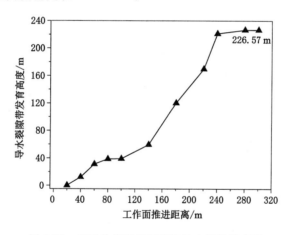

图 5-22　基于数值模拟得到的导水裂缝带高度

5.5　本章小结

(1)基于分布式传感光纤现场实测结果,受采矿扰动影响,上覆地层主要发生拉伸变形,压缩变形仅出现于地层局部位置。且光纤应变量与地层层位具有明显的对应关系,即较大的光纤应变量均出现于岩性分界面、薄层较发育层位、基岩与土层界面以及软弱土层内部。当工作面推过监测孔 94.36 m 时,导水裂缝带发育至最大高度 225.43 m,并进入土层 4.35 m,其裂采比为 23.68。顶板岩层的破断角为 67.29°。

(2)基于光纤光栅位移计现场实测结果,基岩和下部黄土层在工作面推过监测孔 83.16 m 时产生最大位移量,分别为 76.65 mm 和 59.61 mm。基于光纤光栅渗压计现场实测结果,当工作面推过监测孔 94.36 m 时,风化基岩裂隙承压水水压骤降。导水裂缝带已发育至风化基岩顶界,造成风化基岩裂隙承压水漏失。此结果与分布式传感光纤导水裂缝带监测结果一致,即导水裂缝带已穿透基岩层。

(3) 基于关键层理论计算判别,亚关键层分别为 38# 细粒砂岩和 35# 粉砂岩,主关键层为 27# 细粒砂岩,其层位均位于覆岩中下部。理论计算得出,导水裂缝带于黄土层底界终止发育,最大高度为 223.70 m,与分布式传感光纤测试结果相差 1.73 m。

(4) 3DEC 模拟分析表明,上覆地层在工作面推进 280 m 时达到充分采动,同时导水裂缝带发育至最大高度(226.57 m),并进入土层 5.49 m。此结果与分布式传感光纤测试结果仅相差 1.14 m。

6 超大采高综放工作面顶板水害预测与预警

矿井高强度、大规模开采造成工作面顶板突水强度愈趋增强,严重制约着矿井安全高效生产和生态环境良性发展[222]。矿井工作面顶板突水灾害是人为采动诱发的,多种致灾因素综合作用的结果,具有多方面性和复杂性[223]。如何通过有效的预测方法和预警监测技术超前预防顶板突水灾害的发生是一项复杂的系统工程。因此,基于GIS平台的空间分析技术,选取含水层厚度、单位涌水量、渗透系数以及残余隔水层厚度四个主控因素综合评价117工作面顶板砂层潜水涌(突)水危险性。分别利用隔水层含水率、地面沉降以及第四系砂层潜水水位等多源信息对117工作面顶板砂层潜水涌(突)水危险区进行预警,为确保矿井工作面安全高效回采提供重要的技术支持。

6.1 超大采高综放117工作面概况

117工作面位于金鸡滩煤矿一盘区东北翼,为一盘区东翼开采的首个综放工作面,采掘范围内不受采空区影响(图6-1)。工作面推进长度为5 093 m,倾斜长度为300 m。工作面采用走向长壁后退式采煤方法,综采放顶煤采煤工艺,设计采高为6 m,放顶煤平均高度为3.64 m。工作面采用全部垮落法管理顶板。

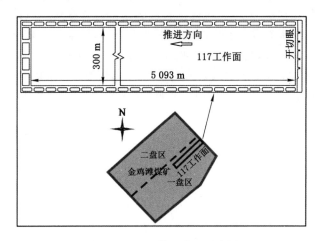

图6-1 117工作面位置示意图

117工作面主采煤层为侏罗系延安组2^{-2}煤层,煤层厚度为8.69～11.20 m,平均厚度为9.53 m,埋深为−250.12～−273.60 m。工作面总体为一单斜构造,标高为+971.8～+983.2 m,平均+977.5 m,走向北东向,倾向北西向,总体呈东南高、西北低,煤层倾角平均小于1°。工作面范围内无落差较大的断层及褶皱。117工作面地面标高为+1 237.74～

＋1 263.73 m,平均为＋1 252.94 m。工作面地表主要为沙漠滩地和沙丘沙地。

6.2　117 工作面充水条件

煤层上覆地层赋存不同类型的地下水,地下水及与之相联系的其他水源受采动影响而通过充水通道涌(突)入采煤工作面,其充水强度直接影响着工作面的安全回采。因此,分别通过充水水源、充水通道以及充水强度对 117 工作面的充水条件进行分析,具体内容如下文所述。

6.2.1　工作面充水水源

根据金鸡滩煤矿一盘区水文地质条件和采动导水裂缝带发育特征可知,导水裂缝带范围内的基岩孔裂隙承压含水层与风化基岩孔裂隙承压含水层为 117 工作面的直接充水水源;大气降水与第四系砂层潜水为 117 工作面的间接充水水源,且工作面范围内不存在地表水体。隔水层主要为离石组黄土层,工作面范围内红土缺失。

（1）大气降水

大气降水为地下水与地表水的重要补给来源。据气象资料显示,区内年平均降水量约为 381 mm,且降水时空分布不均匀,年降水主要集中于夏季和秋季。117 工作面上方地表覆盖松散风积沙,基岩未出露于地表,且地表多为低缓沙丘,除少量蒸发外,大气降水绝大部分直接入渗补给第四系砂层潜水含水层。因此,大气降水为 117 工作面的间接充水水源。根据井下涌水量观测数据显示,井下涌水量的变化受区内降水量的影响较小,大气降水对工作面充水作用微弱,主要与本区年降雨量小、蒸发量大及采矿扰动强度有关。

（2）地下水

117 工作面主要充水含水层自下而上分别为侏罗系中统延安组孔裂隙承压含水层、侏罗系中统直罗组孔裂隙承压含水层、风化基岩孔裂隙承压含水层以及第四系萨拉乌苏组砂层潜水含水层。根据导水裂缝带发育高度监测结果可知,导水裂缝带已发育至风化基岩顶界并进入离石组黄土层中,因此上述基岩孔裂隙承压含水层均为 117 工作面的直接充水含水层;而导水裂缝带未波及第四系砂层潜水含水层,但砂层潜水含水层在残余隔水土层厚度不足的区段会补给基岩孔裂隙含水层。因此,第四系砂层潜水含水层为 117 工作面的间接充水含水层。

6.2.2　工作面充水通道

根据研究区地质资料分析,117 工作面范围内无断层和褶皱,且工作面采掘范围内不受采空区充水影响。根据研究区勘探资料,117 工作面范围内未发现封闭不良的导水钻孔。工作面充水通道主要为煤层开采扰动形成的顶板导水裂缝带。

6.2.3　工作面充水强度

117 工作面直接充水含水层为基岩孔裂隙承压含水层和风化基岩孔裂隙承压含水层。现场抽水资料显示,基岩孔裂隙承压含水层为弱富水性含水层,且埋藏深,径流缓慢,补给来源单一,对工作面充水强度影响不大。风化基岩孔裂隙承压含水层裂隙发育,富水性较强,但其厚度较小,对工作面充水强度具有一定影响。此外,第四系砂层潜水含水层大部分地段富水性强,受采矿扰动影响,一旦发生渗漏,将会给工作面安全回采带来严重威胁。

6.3 117工作面顶板砂层潜水水害预测与预警

6.3.1 117工作面顶板砂层潜水涌(突)水危险性预测

(1) 顶板砂层潜水涌(突)水危险性主控因素

① 含水层厚度

含水层作为地下水的储集空间,其厚度直接决定着含水层的储水量,且与含水层富水强度呈正相关。相同水力条件下,含水层厚度越大,充水水量越大,含水层的富水强度越高。根据钻孔揭露,117工作面范围内的砂层潜水含水层厚度为 18.25～54.21 m,平均厚度为 37.10 m,其分布特征如图 6-2(a)所示。由图 6-2(a)可得,砂层潜水含水层在工作面内连续分布,其厚度在工作面两端和中间局部地段分布较薄,其他地段均分布较厚。

② 单位涌水量

单位涌水量作为含水层富水性分类的依据指标,其值大小直观反映出含水层的富水强度。单位涌水量越大,含水层的富水能力越强。根据 117工作面内及周边钻孔现场抽水试验可得,砂层潜水含水层的单位涌水量为 0.016～0.778 L/(s·m),平均为 0.263 L/(s·m),其分布特征如图 6-2(b)所示。由图 6-2(b)可得,单位涌水量值在工作面东北部分布较小,其他地段分布较大。

③ 渗透系数

渗透系数作为反映含水层渗透能力的重要参数,与含水层富水性呈正相关。其值越大,含水层的渗透能力和富水性越强。由 117工作面内及周边钻孔现场抽水试验可得,砂层潜水含水层的渗透系数为 0.064～3.444 m/d,平均为 1.933 m/d,其分布特征如图 6-2(c)所示。由图 6-2(c)可得,砂层潜水含水层的渗透系数值在工作面东北部分布较小,中部地段分布较大。

④ 残余隔水层厚度

残余隔水层厚度为导水裂缝带顶界与第四系砂层潜水含水层底界之间基岩层或黄土层的厚度,其厚度大小对于砂层潜水是否发生渗漏具有关键作用。根据 5.1.4 小节导水裂缝带现场实测获得的裂采比可计算得到 117工作面范围内导水裂缝带发育高度,进而可计算得到残余隔水层厚度。据计算结果可得,残余隔水层厚度为 10.57～40.37 m,平均厚度为 25.29 m,其分布特征如图 6-2(d)所示。由图 6-2(d)可得,残余隔水层厚度在工作面东北部分布较薄,而在工作面中部和西南部分布较厚。

(2) 基于层次分析法(AHP)各主控因素权重的确定

① AHP 层次结构模型

通过上述对砂层潜水涌(突)水危险性主控因素的分析,将砂层潜水涌(突)水危险性层次分析模型分为 3 层,即目标层(A 层)、准则层(B 层)和决策层(C 层)(图 6-3)。其中,第四系砂层潜水含水层涌(突)水危险性评价为最终解决的问题,故将其设为目标层。含水层富水性和顶板垮裂程度决定着砂层潜水含水层涌(突)水的危险性,但其影响作用需通过与之相关的因素指标来表达,属于解决问题的中间环节,故设为模型的准则层。上述四种主控因素指标构成了该层次模型的决策层。因此,通过对逐层问题的解决,即可达到最终求解的目标。

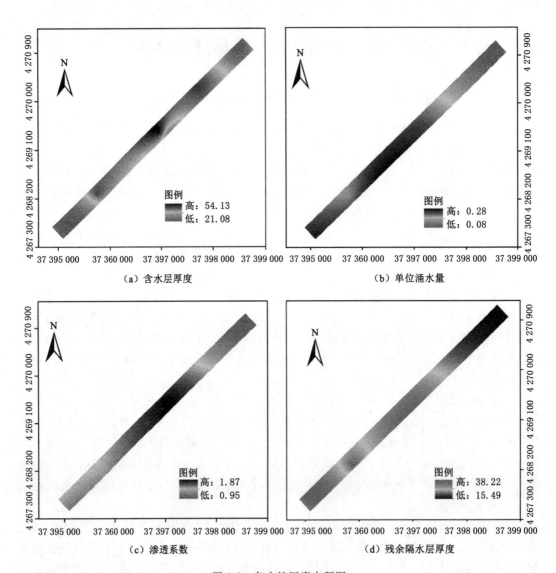

图 6-2　各主控因素专题图

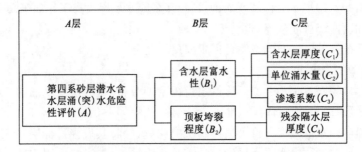

图 6-3　砂层潜水含水层涌(突)水危险性层次分析模型

（2）AHP 判断矩阵及权重分析

根据各主控因素对砂层潜水含水层涌（突）水危险性的影响程度,采用 Saaty 创建的 1~9 标度方法对各个主控因素进行相对重要性打分（表 6-1）,从而构建第四系砂层潜水含水层涌（突）水危险性评价的 AHP 判断矩阵（表 6-2 和表 6-3）。

表 6-1　判断矩阵的标度及其含义

标　度	含　义
1	表示两因素相比,具有相同重要性
3	表示两因素相比,前者比后者稍重要
5	表示两因素相比,前者比后者明显重要
7	表示两因素相比,前者比后者强烈重要
9	表示两因素相比,前者比后者极端重要
2,4,6,8	表示上述相邻判断的中间值
倒数	若因素 i 与因素 j 的重要性之比为 a_{ij},那么因素 j 与因素 i 的重要性之比为 $a_{ji}=1/a_{ij}$

表 6-2　判断矩阵 $A \sim B_i (i=1,2)$

A	B_1	B_2	$W(A/B_i)$
B_1	1	1/2	0.333
B_2	2	1	0.667

注:$\lambda_{max}=2,CI_1=0,CR_1<0.1$。

表 6-3　判断矩阵 $B_1 \sim C_i (i=1 \sim 3)$

B_1	C_1	C_2	C_3	$W(B_1/C_i)$
C_1	1	1/5	1/3	0.111
C_2	5	1	5/3	0.556
C_3	3	3/5	1	0.333

注:$\lambda_{max}=3,CI_{11}=0,CR_{11}=0<0.1$。

根据判断矩阵可计算得出准则层和决策层各因素指标的单排序权重值 W。同时可得出各判断矩阵的最大特征值 λ_{max}、一致性检验指标 CI 和 CR,且存在 CR 值均小于 0.1 的现象,表明各判断矩阵均通过了一致性检验,从而得出各主控因素对砂层潜水含水层涌（突）水危险性影响的权重值（表 6-4）。

表 6-4　砂层潜水含水层涌（突）水危险性各主控因素权重

主控因素	含水层厚度	单位涌水量	渗透系数	残余隔水层厚度
权重 W_i	0.037	0.185	0.111	0.667

（3）顶板砂层潜水涌（突）水危险性评价

① 因素指标归一化

由于选定的四个主控因素物理意义及量纲不同,数值范围相差较大,易使结果出现偏差。因此,采用归一化方法将各主控指标数值转化至 0~1 范围内,以消除主控因素物理意义及量纲差异对评价结果造成的影响。式(6-1)如下:

$$N_i = a + (b-a)\frac{x_i - \min(x_i)}{\max(x_i) - \min(x_i)} \tag{6-1}$$

式中,N_i 为归一化处理之后的数据;a 和 b 分别为归一化范围的下限和上限,分别取值 0 和 1;x_i 为归一化处理前各主控因素的原始数据;$\min(x_i)$ 和 $\max(x_i)$ 分别为各主控因素原始数据的最小值和最大值。

各主控因素经归一化处理后生成的专题图如下图所示(图 6-4)。

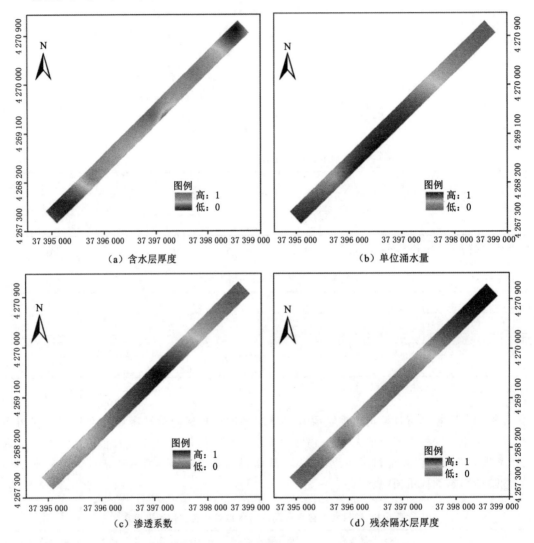

图 6-4　各主控因素归一化专题图

② 顶板砂层潜水涌(突)水危险性分区

利用 ArcGIS 软件对各主控因素的归一化专题图按照其权重进行综合叠加,从而得到第四系砂层潜水含水层涌(突)水危险性分区图(图 6-5)。可将 117 工作面顶板砂层潜水含水层涌(突)水危险性划分为五个级别,即安全区、较安全区、过渡区、较危险区以及危险区。

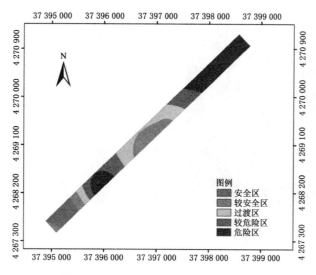

图 6-5　第四系砂层潜水含水层涌(突)水危险性分区图

由图 6-5 可得,工作面由东北向西南方向回采,砂层潜水涌(突)水危险区主要分布于工作面东北部以及西南部偏工作面中部的局部区域,该区域煤层采厚较大,导水裂缝带发育高度较高,导致残余隔水层厚度变小,容易引起砂层潜水发生渗漏;安全区主要分布于工作面西南部接近停采线区域,该区域含水层厚度较小,且残余隔水层厚度较大,不易引起砂层潜水的渗漏。此外,砂层潜水涌(突)水危险性自开切眼位置至工作面中部逐次降低;自工作面中部向西南方向,危险性逐渐增大之后又逐渐降低。

6.3.2　117 工作面顶板砂层潜水水害监测预警

(1)采动条件下隔水层含水率变化特征

由 5.1.4 小节现场实测结果可得,117 工作面煤层开采导致导水裂缝带已发育至离石组黄土层中,必将使土层的隔水性发生劣化,可能造成砂层潜水大量漏失,对矿井安全生产和地表生态环境造成严重影响。因此,利用深部岩土层含水率监测仪可实时监测和记录工作面采动过程中土层的含水率变化(图 6-6),从而对采矿扰动引起的顶板砂层潜水含水层涌(突)水危害发展趋势进行监测预警。

含水率监测仪传感器探头通过 KY2 钻孔植入。KY2 钻孔孔径为 110 mm,钻至离石组黄土层底界,距离工作面开切眼 300 m 左右,紧邻光纤监测孔 KYS。三个传感器探头下放深度分别为 -54.2 m、-53.0 m 以及 -50.1 m(图 6-7)。含水率数据通过远程无线传输方式进行采集,设定的每天采集次数为 3 次。

图 6-8 所示为 117 工作面推进过程中土层含水率的变化情况。由图 6-8 可知,埋深为 -50.1 m 和 -53.0 m 位置处的土层初始含水率分别在 11.83% 和 30.10% 左右波动,而埋深为 -54.2 m 位置处的土层初始含水率在 95.36% 左右波动,这主要是受风化基岩承压水的影响造成的。在工作面推过 KY2 监测孔 97.76 m 之前,土层含水率呈轻微波动,变化不明显,这表明土层尚未受到采矿扰动的影响。之后,土层含水率均发生突降,埋深为 -50.1 m、-53.0 m 和 -54.2 m 位置处的土层含水率分别由 12.08%、31.92% 和 95.62% 降低至

（a）含水率监测仪　　　　　　　　（b）传感探头

图 6-6　岩土层含水率监测仪及传感探头

层厚/m	累深/m	岩性	柱状	探头布置
4.4	-4.4	风积沙		
20.7	-25.1	中砂		
12.9	-38.0	黄土		
4.3	-42.3	中砂		
11.9	-54.2	黄土		-50.1 ◇ -54.2◇—-53.0

图例
◇ 探头
▭ 引线

图 6-7　传感探头布设示意图（注：此处埋深用负号表示方向）

0.15%、3.25%和45.60%，这表明采矿扰动形成的导水裂缝带已发育至−50.1 m，使得上述位置处的土层含水量发生漏失。此结果与渗压计所得结果一致，即导水裂缝带已贯穿基岩发育至土层。最终，埋深为−50.1 m、−53.0 m 和−54.2 m 位置处的土层含水率分别稳定在 4.98%、4.38%和40.80%。

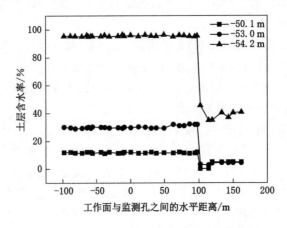

图 6-8　采动过程中土层含水率动态变化特征

（2）采场地面沉降特征

矿井工作面高强度开采破坏了上覆地层的原始应力平衡状态,使得采空区围岩乃至地表均发生变形和沉降,严重威胁着矿区地表生态环境发展。117 工作面上覆第四系砂层潜水水位埋深较浅,平均为 −1.42 m。若采动条件下砂层潜水尚未漏失,地面沉降极易使潜水出露地表,以此作为砂层潜水是否发生漏失的预警判据。因此,通过测定 117 工作面上覆地面沉降量,并结合潜水出露情况,可对砂层潜水是否发生漏失进行监测预警。

利用中绘 i50 工程型 RTK 测量仪对钻孔 KY3、KY4、KY5 以及 KY6 的孔口标高进行监测,从而获取各监测孔的沉降量。监测孔 KY3、KY4、KY5 和 KY6 均位于 117 工作面上覆地表范围内,其中 KY3、KY5 和 KY6 位于工作面中心轴线附近,与工作面开切眼的距离分别为 585.37 m、1 262.39 m、1 475.94 m 以及 2 246.21 m(图 6-9)。监测范围为工作面距离监测孔 20 m(未受采动影响)至工作面推过监测孔 250 m 过程中监测孔的孔口标高变化。

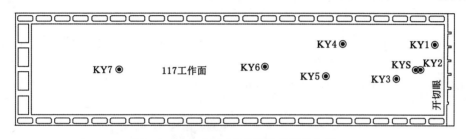

图 6-9　117 工作面各监测孔位置示意图

图 6-10 所示为 117 工作面推进过程中监测孔孔口标高变化情况。由图 6-10 可得,采动条件下各监测孔均表现出相似的沉降变化趋势,并可将沉降过程划分为沉降缓增阶段(①)、快速沉降阶段(②)和沉降减缓阶段(③)。沉降缓增阶段,各监测孔孔口标高值仅出现轻微下降,沉降不明显,且地面沉降相对于工作面采动在时间上有所滞后。快速沉降阶段,各监测孔孔口标高急剧降低,地面沉降量陡增;这主要是由于工作面顶板基岩垮落,上覆地层向采空区移动和变形,并伴随着地面向下沉降;在此阶段,各监测孔最大沉降量分别为3.24 m(KY3)、2.23 m(KY4)、1.94 m(KY5)和 3.84 m(KY6)。沉降减缓阶段,垮落的岩石逐渐填充采空区并支撑上覆地层,减缓了地面沉降速度,从而导致沉降量缓慢增加。

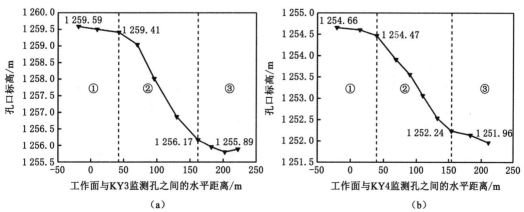

(a)　　　　　　　　　　　　(b)

图 6-10　采动过程中地面沉降特征

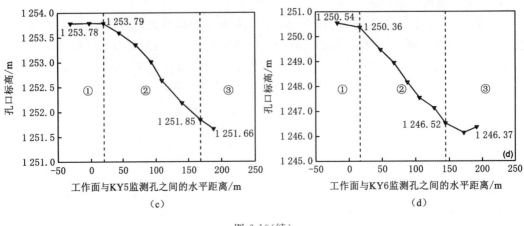

图 6-10（续）

图 6-11 所示为采动条件下 117 工作面上覆地面各监测孔周围潜水出露情况。由图 6-11 可知，受煤层开采影响，各监测孔周围砂层潜水均出露于地表，且随着工作面的推进，积水出露面积持续增大。结合地面沉降和潜水出露情况可知，砂层潜水含水层受采动影响未发生漏失。

图 6-11 各监测孔周围潜水出露地表情况

（3）采动条件下第四系砂层潜水水位变化特征

受采矿扰动影响，若第四系砂层潜水发生渗漏，必然引起潜水水位持续下降，导致监测孔内的水柱高度持续降低。因此，利用地下水自动监测系统实时获取采动过程中砂层潜水水位动态变化特征，可为砂层潜水是否发生漏失提供预警判据。

地下水监测系统通过 GPRS 网络平台对监测孔内的水位变化进行远程和实时监测。其监测原理为通过传感探头获得监测孔内的水柱压力，并自动换算得出监测孔内的水柱高度 F[图 6-12(a)]。现场安装设备主要包括发射终端[图 6-12(b)]、传感线缆[图 6-12(c)]以及传感探头[图 6-12(d)]。可将传感探头通过钻孔分别植入 KY2、KY3、KY5 和 KY6 监测孔内。

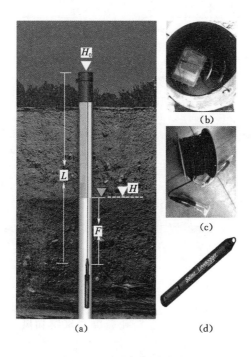

图 6-12　地下水位测试原理

图 6-13 所示为 117 工作面推进过程中各监测孔内水柱高度的变化规律。由图 6-13 可知，受采动影响，各监测孔内的水柱高度表现出相同的变化趋势。

在采矿扰动初期，各监测孔水柱高度均缓慢降低，降低幅度较小；这主要是由于监测孔及其周围潜水侧向补给开采沉陷区。随着工作面的推进，监测孔及其周围发生剧烈沉降，并接受未沉陷区的潜水侧向补给，水柱高度快速增大，增加幅度较大。之后，随着工作面远离监测孔，受采矿扰动作用减弱，地面沉降作用缓和，潜水侧向补给作用减弱，水柱高度变化趋于平缓。

由图 6-13 还可以明显看出，监测孔内的水柱高度在工作面过孔 50 m 至 150 m 过程中大幅度增加，此与上述地面沉降结果具有明显的对应关系。各监测孔内水柱高度的最终稳定值均大于其初始值，表明第四系砂层潜水未发生漏失。

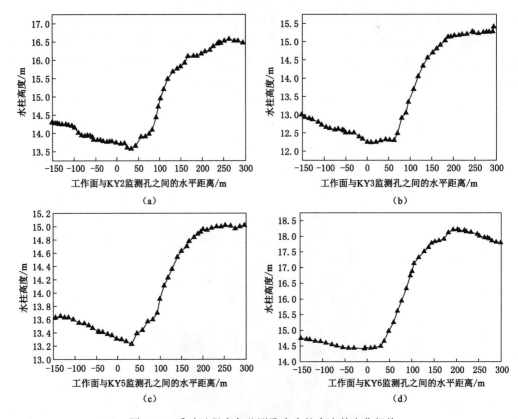

图 6-13 采动过程中各监测孔内水柱高度的变化规律

6.4 本 章 小 结

（1）117 工作面的直接充水水源为基岩孔裂隙含水层和风化基岩孔裂隙含水层；间接充水水源为第四系砂层孔隙潜水含水层。工作面充水通道主要为采矿扰动形成的导水裂缝带。基岩孔裂隙含水层和风化基岩孔裂隙含水层对工作面充水强度相对较小，而第四系砂层潜水含水层充水强度较高，可给工作面安全回采带来严重隐患。

（2）基于顶板砂层潜水涌（突）水危险性评价结果，将 117 工作面砂层潜水涌（突）水危险性划分为安全区、较安全区、过渡区、较危险区以及危险区。危险区主要分布于工作面东北部以及西南部偏工作面中部的局部区域，安全区主要分布于工作面西南部接近停采线的区域。此外，由开切眼位置至工作面中部，危险性逐渐降低；自工作面中部向西南方向，危险性逐渐增大之后又逐渐降低。

（3）土层含水率实测结果表明，当工作面推过监测孔 97.76 m 之后，各埋深位置处的土层含水率均发生突降。导水裂缝带已发育进土层 −50.1 m 位置，此结果与渗压计监测结果一致。地面沉降监测结果显示地面最大沉降量为 3.84 m，且结合潜水出露情况，从而表明砂层潜水未发生漏失。砂层潜水水位监测结果表明，工作面推过监测孔 50 m 至 150 m 过程中，监测孔内的水柱高度大幅度增加，此与地面沉降相对应。各监测孔内水柱高度的最终稳定值均大于其初始值，表明砂层潜水未发生漏失。

参 考 文 献

[1] 国家发展和改革委员会和国家能源局.煤炭工业发展"十三五"规划[R].2016:1-4.

[2] 李建伟.西部浅埋厚煤层高强度开采覆岩导气裂缝的时空演化机理及控制研究[D].徐州:中国矿业大学,2017.

[3] 王振康.超大采高综放开采覆岩-土复合结构动态响应及水害预警[D].徐州:中国矿业大学,2020.

[4] 刘基,杨建,王强民.神府榆矿区采煤排水对地下水资源量的影响[J].煤矿开采,2017,22(05):106-109.

[5] 吴喜军,李怀恩,董颖,等.陕北地区煤炭开采等人类活动对河道径流影响的定量识别[J].环境科学学报,2014,34(3):772-780.

[6] 张思锋,马策,张立.榆林大柳塔矿区乌兰木伦河径流量衰减的影响因素分析[J].环境科学学报,2011,31(4):889-896.

[7] 王文龙,李占斌,张平仓.神府东胜煤田开发中诱发的环境灾害问题研究[J].生态学杂志,2004,23(1):34-38.

[8] 王力,卫三平,王全九.榆神府煤田开采对地下水和植被的影响[J].煤炭学报,2008,33(12):1408-1414.

[9] 侯高峰,蒋泽泉,崔邦军.榆神矿区南部中小煤矿突水危险性研究[J].地下水,2012,34(3):15-17.

[10] WANG Z,LI W,WANG Q,et al. Monitoring the dynamic response of the overlying rock-soil composite structure to underground mining using BOTDR and FBG sensing technologies[J]. Rock Mechanics and Rock Engineering,2021,54:5095-5116.

[11] 张晓团,高午.府谷矿区矿井涌水实例及突水因素分析[J].中国煤炭地质,2010,22(4):35-39.

[12] LIU S,LI W,QIAO W,et al. Effect of natural conditions and mining activities on vegetation variations in arid and semiarid mining regions[J]. Ecological Indicators,2019,103:331-345.

[13] LIU S,LI W,QIAO W,et al. Zoning method for mining-induced environmental engineering geological patterns considering the degree of influence of mining activities on phreatic aquifer[J]. Journal of Hydrology,2019,578:124020.

[14] WANG Z,LI W,HU Y. Experimental study on mechanical behavior,permeability,and damage characteristics of Jurassic sandstone under varying stress paths[J]. Bulletin of Engineering Geology and the Environment,2021,80:4423-4439.

[15] GŁOWACKI A,SELVADURAI A P S. Stress-induced permeability changes in

Indiana limestone[J]. Engineering Geology,2016,215:122-130.

[16] HOLLA L. Ground movement due to longwall mining in high relief areas in New South Wales, Australia[J]. International Journal of Rock Mechanics and Mining Sciences,1997,34(5):775-787.

[17] KWON S,CHO W J. The influence of an excavation damaged zone on the thermal-mechanical and hydro-mechanical behaviors of an underground excavation[J]. Engineering Geology,2008,101(3-4):110-123.

[18] 冯启言,韩宝平,曹丁涛,等. 红层的微观结构与工程地质特性研究[J]. 水文地质工程地质,1994,21(5):15-16.

[19] 孟召平,彭苏萍,屈洪亮. 煤层顶底板岩石成分和结构与其力学性质的关系[J]. 岩石力学与工程学报,2000,19(2):136-139.

[20] 孟召平,彭苏萍. 煤系泥岩组分特征及其对岩石力学性质的影响[J]. 煤田地质与勘探,2004,32(2):14-16.

[21] 孟召平,彭苏萍,傅继彤. 含煤岩系岩石力学性质控制因素探讨[J]. 岩石力学与工程学报,2002,21(1):102-106.

[22] 孟召平,彭苏萍,凌标灿. 不同侧压下沉积岩石变形与强度特征[J]. 煤炭学报,2000,25(1):15-18.

[23] 孟召平,张吉昌,JOACHIM T. 煤系岩石物理力学参数与声波速度之间的关系[J]. 地球物理学报,2006,49(5):1505-1510.

[24] MENG Z P,PAN J N. Correlation between petrographic characteristics and failure duration in clastic rocks[J]. Engineering Geology,2007,89(3):258-265.

[25] 潘结南,孟召平,刘保民. 煤系岩石的成分、结构与其冲击倾向性关系[J]. 岩石力学与工程学报,2005,24(24):4422-4427.

[26] 冯文凯,黄润秋,许强. 岩石的微观结构特征与其力学行为启示[J]. 水土保持研究,2009,16(6):26-29.

[27] 赵斌,王芝银,伍锦鹏. 矿物成分和细观结构与岩石材料力学性质的关系[J]. 煤田地质与勘探,2013,41(3):59-63.

[28] 范小倩. 砂岩组构与力学性能的研究[J]. 西部探矿工程,2013,25(8):22-25.

[29] 王志兵,麦棠坤,齐程. 容县压实花岗岩残积土的力学性质与微结构特性研究[J]. 水文地质工程地质,2018,45(5):101-107.

[30] 陈江峰,王振康,岳洋,等. 神东侏罗纪砂岩微观结构对其力学性质及声波传播速度的影响[J]. 河南理工大学学报(自然科学版),2018,37(2):36-43.

[31] 陈江峰,王振康,王开林,等. 神东侏罗纪泥岩微观组构对其力学性质的影响[J]. 煤矿安全,2018,49(2):51-54.

[32] 杨兰田,刘腾,刘厚彬,等. 岩浆岩微细观组构及力学性能试验研究[J]. 地下空间与工程学报,2019,15(S1):40-45.

[33] ULUSAY R,TÜRELI K,IDER M H. Prediction of engineering properties of a selected litharenite sandstone from its petrographic characteristics using correlation and multivariate statistical techniques[J]. Engineering Geology,1994,38(1):135-157.

[34] ERSOY A, WALLER M D. Textural characterisation of rocks[J]. Engineering Geology,1995,39(3):123-136.

[35] BELL F G,CULSHAW M G. Petrographic and engineering properties of sandstones from the Sneinton Formation, Nottinghamshire, England[J]. Quarterly Journal of Engineering Geology and Hydrogeology,1998,31:5-19.

[36] BELL F G, LINDSAY P. The petrographic and geomechanical properties of some sandstones from the Newspaper Member of the Natal Group near Durban, South Africa[J]. Engineering Geology,1999,53(1):57-81.

[37] ÅKESSON U,LINDQVIST J,GÖRANSSON M,et al. Relationship between texture and mechanical properties of granites, central Sweden, by use of image-analysing techniques[J]. Bulletin of Engineering Geology and the Environment,2001,60(4): 277-284.

[38] CHATTERJEE R,MUKHOPADHYAY M. Petrophysical and geomechanical properties of rocks from the oilfields of the Krishna-Godavari and Cauvery Basins,India[J]. Bulletin of Engineering Geology and the Environment,2002,61:169-178.

[39] JENG F S,WENG M C,LIN M L,et al. Influence of petrographic parameters on geotechnical properties of tertiary sandstones from Taiwan[J]. Engineering Geology, 2004,73:71-91.

[40] LINDQVIST J E,ÅKESSON U,MALAGA K. Microstructure and functional properties of rock materials[J]. Materials Characterization,2007,58(11):1183-1188.

[41] TAMRAKAR N K, YOKOTA S, SHRESTHA S D. Relationships among mechanical, physical and petrographic properties of Siwalik sandstones,Central Nepal Sub-Himalayas [J]. Engineering Geology,2007,90:105-123.

[42] SABATAKAKIS N, KOUKIS G, TSIAMBAOS G, et al. Index properties and strength variation controlled by microstructure for sedimentary rocks[J]. Engineering Geology, 2008,97(1):80-90.

[43] GUPTA V, SHARMA R. Relationship between textural, petrophysical and mechanical properties of quartzites:a case study from northwestern Himalaya[J]. Engineering Geology, 2012,135:1-9.

[44] TANDON R S,GUPTA V. The control of mineral constituents and textural characteristics on the petrophysical & mechanical(PM)properties of different rocks of the Himalaya[J]. Engineering Geology,2013,153:125-143.

[45] CANTISANI E, GARZONIO C A, RICCI M, et al. Relationships between the petrographical,physical and mechanical properties of some Italian sandstones[J]. International Journal of Rock Mechanics and Mining Sciences,2013,60:321-332.

[46] ÜNDÜL Ö. Assessment of mineralogical and petrographic factors affecting petro-physical properties,strength and cracking processes of volcanic rocks[J]. Engineering Geology,2016,210:10-22.

[47] ALIGHOLI S, LASHKARIPOUR G R, GHAFOORI M. Estimating engineering

properties of igneous rocks using semi-automatic petrographic analysis[J]. Bulletin of Engineering Geology and the Environment,2019,78(4):2299-2314.

[48] FESTA V,FIORE A,LUISI M,et al. Petrographic features influencing basic geotechnical parameters of carbonate soft rocks from Apulia(southern Italy)[J]. Engineering Geology, 2018,233:76-97.

[49] HOSEINIE S H,ATAEI M,MIKAEIL R. Effects of microfabric on drillability of rocks[J]. Bulletin of Engineering Geology and the Environment,2019,78:1443-1449.

[50] 胡大伟,周辉,潘鹏志,等.砂岩三轴循环加卸载条件下的渗透率研究[J].岩土力学, 2010,31(9):2749-2754.

[51] 王小江,荣冠,周创兵.粗砂岩变形破坏过程中渗透性试验研究[J].岩石力学与工程学报,2012,31(S1):2940-2947.

[52] 俞缙,李宏,陈旭,等.渗透压-应力耦合作用下砂岩渗透率与变形关联性三轴试验研究[J].岩石力学与工程学报,2013,32(6):1203-1213.

[53] 彭俊,荣冠,周创兵,等.水压影响岩石渐进破裂过程的试验研究[J].岩土力学,2013, 34(4):941-946.

[54] 胡少华,陈益峰,周创兵.北山花岗岩渗透特性试验研究与细观力学分析[J].岩石力学与工程学报,2014,33(11):2200-2209.

[55] 王伟,徐卫亚,王如宾,等.低渗透岩石三轴压缩过程中的渗透性研究[J].岩石力学与工程学报,2015,34(1):40-47.

[56] 韩宝平,冯启言,于礼山,等.全应力应变过程中碳酸盐岩渗透率研究[J].工程地质学报,2000,8(2):127-128.

[57] 仵彦卿,曹广祝,丁卫华.CT尺度砂岩渗流与应力关系试验研究[J].岩石力学与工程学报,2005,24(23):4203-4209.

[58] 李树刚,徐精彩.软煤样渗透特性的电液伺服试验研究[J].岩土工程学报,2001,23(1):68-70.

[59] 胡大伟,朱其志,周辉,等.脆性岩石各向异性损伤和渗透率演化规律研究[J].岩石力学与工程学报,2008,27(9):1822-1827.

[60] 刘建军,刘先贵.有效压力对低渗透多孔介质孔隙度、渗透率的影响[J].地质力学学报,2001,7(1):41-44.

[61] 彭苏萍,孟召平,王虎,等.不同围压下砂岩孔渗规律试验研究[J].岩石力学与工程学报,2003,22(5):742-746.

[62] 贺玉龙,杨立中.围压升降过程中岩体渗透率变化特性的试验研究[J].岩石力学与工程学报,2004,23(3):415-419.

[63] 代平,孙良田,李闽.低渗透砂岩储层孔隙度、渗透率与有效应力关系研究[J].天然气工业,2006,26(5):93-96.

[64] 黄远智,王恩志.低渗透岩石渗透率对有效应力敏感系数的试验研究[J].岩石力学与工程学报,2007,26(2):410-414.

[65] 盛金昌,李凤滨,姚德生,等.渗流-应力-化学耦合作用下岩石裂隙渗透特性试验研究[J].岩石力学与工程学报,2012,31(5):1016-1025.

[66] 李宏艳,齐庆新,梁冰.煤岩渗透率演化规律及多尺度效应分析[J].岩石力学与工程学报,2010,29(6):1192-1197.

[67] 俞缙,李宏,陈旭,等.砂岩卸围压变形过程中渗透特性与声发射试验研究[J].岩石力学与工程学报,2014,33(1):69-79.

[68] 陈亮,刘建锋,王春萍,等.压缩应力条件下花岗岩损伤演化特征及其对渗透性影响研究[J].岩石力学与工程学报,2014,33(2):287-296.

[69] 王环玲,徐卫亚,杨圣奇.岩石变形破坏过程中渗透率演化规律的试验研究[J].岩土力学,2006,27(10):1703-1708.

[70] 梁宁慧,刘新荣,艾万民,等.裂隙岩体卸荷渗透规律试验研究[J].土木工程学报,2011,44(1):88-92.

[71] 许江,杨红伟,彭守建,等.孔隙水压力-围压作用下砂岩力学特性的试验研究[J].岩石力学与工程学报,2010,29(8):1618-1623.

[72] 李世平,李玉寿,吴振业.岩石全应力-应变过程对应的渗透率-应变方程[J].岩土工程学报,1995,17(2):13-19.

[73] 周建军,周辉,邵建富.脆性岩石各向异性损伤和渗流耦合细观模型[J].岩石力学与工程学报,2007,26(2):368-373.

[74] 孔茜,王环玲,徐卫亚.循环加卸载作用下砂岩孔隙度与渗透率演化规律试验研究[J].岩土工程学报,2015,37(10):1893-1900.

[75] 张振华,孙钱程,李德忠,等.周期性渗透压作用下红砂岩渗透特性试验研究[J].岩土工程学报,2015,37(5):937-943.

[76] 王伟,田振元,朱其志,等.考虑孔隙水压力的岩石统计损伤本构模型研究[J].岩石力学与工程学报,2015,34(S2):3676-3682.

[77] 王伟,郑志,王如宾,等.不同应力路径下花岗片麻岩渗透特性的试验研究[J].岩石力学与工程学报,2016,35(2):260-267.

[78] 王伟,李雪浩,胡大伟,等.脆性岩石三轴压缩渐裂过程中的渗透性演化规律研究[J].岩土力学,2016,37(10):2761-2768.

[79] 刘先珊,王科,许明.低渗储层砂岩渗流-应力-损伤渐裂过程的渗透特性演化研究[J].岩土工程学报,2018,40(9):1584-1592.

[80] BRACE W F, WALSH J B, FRANGOS W T. Permeability of granite under high pressure[J]. Journal of Geophysical Research,1968,73(6):2225-2236.

[81] 姜振泉,季梁军.岩石全应力-应变过程渗透性试验研究[J].岩土工程学报,2001,23(2):153-156.

[82] 朱珍德,张爱军,徐卫亚.脆性岩石全应力-应变过程渗流特性试验研究[J].岩土力学,2002,23(5):555-559.

[83] YANG S, HUANG Y, JIAO Y, et al. An experimental study on seepage behavior of sandstone material with different gas pressures[J]. Acta Mechanica Sinica,2015,31(6):837-844.

[84] SHAO J, ZHOU H, CHAU K. Coupling between anisotropic damage and permeability variation in brittle rocks[J]. International Journal for Numerical and Analytical Methods in

Geomechanics,2005,29(12):1231-1247.

[85] HU D,ZHOU H,ZHANG F,et al. Evolution of poroelastic properties and permeability in damaged sandstone[J]. International Journal of Rock Mechanics and Mining Sciences,2010, 47(6):962-973.

[86] TAN X,KONIETZKY H,FRÜHWIRT T. Laboratory observation and numerical simulation of permeability evolution during progressive failure of brittle rocks[J]. International Journal of Rock Mechanics and Mining Sciences,2014(68):167-176.

[87] ZHANG C. The stress-strain-permeability behaviour of clay rock during damage and recompaction[J]. Journal of Rock Mechanics and Geotechnical Engineering,2016,8 (1):16-26.

[88] YANG T,LIU H,TANG C. Scale effect in macroscopic permeability of jointed rock mass using a coupled stress-damage-flow method[J]. Engineering Geology,2017, 228:121-136.

[89] PATSOULS G,GRIPPS J C. An investigation of permeability of Yorkshire chalk under differing pore water and confining pressure conditions[J]. Energy Sources, 1982,6(4):321-334.

[90] ZHANG S, COX S F, PATERSON M S. The influence of room temperature deformation on porosity and permeability in calcite aggregates [J]. Journal of Geophysical Research:Solid Earth,1994,99:15761-15775.

[91] STORMONT J C,DAEMEN J J K. Laboratory study of gas permeability changes in rock salt during deformation[C]//International journal of rock mechanics and mining sciences & geomechanics abstracts. Pergamon,1992,29(4):325-342.

[92] DAVY C A,SKOCZYLAS F,BARNICHON J D,et al. Permeability of macro-cracked argillite under confinement:gas and water testing[J]. Physics and Chemistry of the Earth:Parts A/B/C,2007,32(8/14):667-680.

[93] LI S P,WU D X,XIE W H,et al. Effect of confining pressure,pore pressure and specimen dimension on permeability of Yinzhuang sandstone [J]. International Journal of Rock Mechanics and Mining Sciences,1997,34(3/4):175.

[94] SCHULZE O, POPP T, KERN H. Development of damage and permeability in deforming rock salt[J]. Engineering Geology,2001,61(2):163-180.

[95] MA D, MIAO X X, CHEN Z Q, et al. Experimental investigation of seepage properties of fractured rocks under different confining pressures[J]. Rock Mechanics and Rock Engineering,2013,46(5):1135-1144.

[96] WANG H,XU W,SHAO J,et al. The gas permeability properties of low-permeability rock in the process of triaxial compression test[J]. Materials Letters,2014,116:386-388.

[97] ALAM A K M B,NIIOKA M,FUJII Y,et al. Effects of confining pressure on the permeability of three rock types under compression[J]. International Journal of Rock Mechanics and Mining Sciences,2014,65:49-61.

[98] LIU Z,SHAO J,XIE S,et al. Gas permeability evolution of clayey rocks in process of

compressive creep test[J]. Materials Letters,2015,139:422-425.

[99] XU W,WANG R,WANG W,et al. Creep properties and permeability evolution in triaxial rheological tests of hard rock in dam foundation[J]. Journal of Central South University,2012,19(1):252-261.

[100] XU P,YANG S Q. Permeability evolution of sandstone under short-term and long-term triaxial compression[J]. International Journal of Rock Mechanics and Mining Sciences,2016,85:152-164.

[101] YANG S Q,XU P,LI Y B,et al. Experimental investigation on triaxial mechanical and permeability behavior of sandstone after exposure to different high temperature treatments[J]. Geothermics,2017,69:93-109.

[102] DU F,WANG K,WANG G,et al. Investigation of the acoustic emission characteristics during deformation and failure of gas-bearing coal-rock combined bodies[J]. Journal of Loss Prevention in the Process Industries,2018,55:253-266.

[103] 煤炭科学研究院北京开采研究所. 煤矿地表移动与覆岩破坏规律及其应用[M]. 北京:煤炭工业出版社,1981.

[104] 王志强,李鹏飞,王磊,等. 再论采场"三带"的划分方法及工程应用[J]. 煤炭学报,2013,38(2):287-293.

[105] 钱鸣高,石平五,许家林. 矿山压力与岩层控制[M]. 徐州:中国矿业大学出版社,2010.

[106] 杜计平,汪理全. 煤矿特殊开采方法[M]. 徐州:中国矿业大学出版社,2011.

[107] BAXTER N G,WATSON T P,WHITTAKER B N. A study of the application of T-H support systems in coal mine gate roadways in the UK[J]. Mining Science and Technology,1990,10(2):167-176.

[108] WILLIAMS G. Roof Bolting in South Wales[J]. Colliery Guardian,1987,235(8):311-314.

[109] MOOSAVI M,GRAYELI R. A model for cable bolt-rock mass interaction:Integration with discontinuous deformation analysis(DDA)algorithm[J]. International Journal of Rock Mechanics and Mining Sciences,2006,43(4):661-670.

[110] PALEI S K,DAS S K. Sensitivity analysis of support safety factor for predicting the effects of contributing parameters on roof falls in underground coal mines[J]. International Journal of Coal Geology,2008,75(4):241-247.

[111] MALMGREN L,NORDLUND E. Interaction of shotcrete with rock and rock bolts-a numerical study[J]. International Journal of Rock Mechanics and Mining Sciences,2008,45(4):538-553.

[112] YANG W,LIU C,HUANG B,et al. Determination on reasonable malposition of combined mining in close-distance coal seams[J]. Journal of Mining and Safety Engineering,2012,29(1):101-105.

[113] SMART B G D,DAVIES D O. Application of the rock-strata-title approach to the pack design in an arch-sharped roadway[J]. Mining Engineer,1982,36:7-11.

[114] YAO X L,REDDISH D J,WHITTAKER B N. Non-linear finite element analysis of surface subsidence arising from inclined seam extraction[C]//International Journal of Rock Mechanics and Mining Sciences & Geomechanics Abstracts. Pergamon, 1993,30(4):431-441.

[115] BAI M,ELSWORTH D. Some aspects of mining under aquifers in China[J]. Mining Science and Technology,1990,10(1):81-91.

[116] PALCHIK V. Influence of physical characteristics of weak rock mass on height of caved zone over abandoned subsurface coal mines[J]. Environmental Geology,2002, 42(1):92-101.

[117] HOLLA L,BUIZEN M. Strata movement due to shallow longwall mining and the effect on ground permeability[J]. AusIMM Bullefin and Proceedings,1990,295(1): 11-18.

[118] SMITH G J,ROSENBAUM M S. Recent underground investigations of abandoned chalk mine workings beneath Norwich City,Norfolk[J]. Engineering Geology,1993, 36(1-2):67-78.

[119] MILLER R D,STEEPLES D W,SCHULTE L,et al. Shallow seismic reflection study of a salt dissolution well field near Hutchinson,KS[J]. Mining Engineering, 1993,45(10):1291-1296.

[120] SINGH R P,YADAV R N. Subsidence due to coal mining in India[J]. IAHS Publications-Series of Proceedings and Reports-Intern Assoc Hydrological Sciences, 1995,234:207-214.

[121] SINGH R,SINGH T N,DHAR B B. Coal pillar loading in shallow mining conditions [J]. International Journal of Rock Mechanics and Mining Science & Geomechanics Abstracts,1996,33(8):757-768.

[122] 钱鸣高,李鸿昌. 采场上覆岩层活动规律及其对矿山压力的影响[J]. 煤炭学报,1982, 7(2):1-12.

[123] 钱鸣高,缪协兴,何富连. 采场"砌体梁"结构的关键块分析[J]. 煤炭学报,1994,19 (06):557-563.

[124] 钱鸣高,缪协兴. 采场上覆岩层结构的形态与受力分析[J]. 岩石力学与工程学报, 1995,14(02):97-106.

[125] CHIEN M G. A study of the behaviour of overlying strata in longwall mining and its application to strata control[J]. Developments in Geotechnical Engineering,1981, 32:13-17.

[126] 宋振骐. 实用矿山压力控制[M]. 徐州:中国矿业大学出版社,1988.

[127] 宋振骐,刘义学,陈孟伯,等. 岩梁裂断前后的支承压力显现及其应用的探讨[J]. 山东矿业学院学报,1984,(01):27-39.

[128] 宋杨,宋振骐. 采场支撑压力显现规律与上覆岩层运动的关系[J]. 煤炭学报,1991,9 (1):47-56.

[129] 钱鸣高,朱德仁,王作棠. 基本顶岩层断裂型式及对工作面来压的影响[J]. 中国矿业

大学学报,1986,(2):9-18.

[130] 朱德仁.长壁工作面基本顶的破断规律及其应用[D].徐州:中国矿业大学,1987.

[131] 钱鸣高,缪协兴,许家林.岩层控制中的关键层理论研究[J].煤炭学报,1996,21(3):225-230.

[132] 缪协兴,陈荣华,浦海,等.采场覆岩厚关键层破断与冒落规律分析[J].岩石力学与工程学报,2005,24(8):1289-1295.

[133] 缪协兴,钱鸣高.超长综放工作面覆岩关键层破断特征及对采场矿压的影响[J].岩石力学与工程学报,2003,22(1):45-47.

[134] WEI J,WU F,YIN H,et al. Formation and height of the interconnected fractures zone after extraction of thick coal seams with weak overburden in Western China [J]. Mine Water and the Environment,2017,36(1):59-66.

[135] 魏久传,吴复柱,谢道雷,等.半胶结中低强度围岩导水裂缝带发育特征研究[J].煤炭学报,2016,41(04):974-983.

[136] 张玉军,康永华.覆岩破坏规律探测技术的发展及评价[J].煤矿开采,2005,10(2):10-12.

[137] 张华兴,张刚艳,许延春.覆岩破坏裂缝探测技术的新进展[J].煤炭科学技术,2005,33(9):60-62.

[138] 刘传武,张明,赵武升.用声波测试技术确定煤层开采后底板破坏深度[J].煤炭科技,2003,(4):4-5.

[139] 康永华,王济忠,孔凡铭,等.覆岩破坏的钻孔观测方法[J].煤炭科学技术,2002,30(12):26-28.

[140] 张玉军,李凤明.采动覆岩裂隙分布特征数字分析及网络模拟实现[J].煤矿开采,2009,14(5):4-6.

[141] 张玉军,李凤明.高强度综放开采采动覆岩破坏高度及裂隙发育演化监测分析[J].岩石力学与工程学报,2011,30(S1):2994-3001.

[142] 张平松,刘盛东,吴荣新,等.采煤面覆岩变形与破坏立体电法动态测试[J].岩石力学与工程学报,2009,28(9):1870-1875.

[143] 于克君,骆循,张兴民.煤层顶板两带高度的微地震监测技术[J].煤田地质与勘探,2002,30(1):47-51.

[144] 杨永杰,陈绍杰,张兴民.煤矿采场覆岩破坏的微地震监测预报研究[J].岩土力学,2007,28(7):1407-1410.

[145] 刘传孝.地质雷达探测关键岩层分析断层参数的研究与应用[J].煤炭科学技术,2005,33(2):21-23.

[146] 冯锐,林宣明,陶裕录,等.煤层开采覆岩破坏的层析成像研究[J].地球物理学报,1996,39(1):114-124.

[147] 张平松,刘盛东,吴荣新.地震波CT技术探测煤层上覆岩层破坏规律[J].岩石力学与工程学报,2004,23(15):2510-2513.

[148] CUI F,WU Q,LIN Y,et al. Damage features and formation mechanism of the strong water inrush disaster at the Daxing co mine,Guangdong province,China[J].

Mine Water and the Environment,2018,37(2):346-350.

[149] KARAYANNIS G. Standards-based wireless networking alternatives[J]. Sensors, 2003,20(12):26-30.

[150] SHANG Y, WAH B W. Global optimization for neural network training[J]. Computer,1996,29(3):45-54.

[151] 王经明.承压水沿煤层底板递进导升突水机理的模拟与观测[J].岩土工程学报, 1999,21(5):46-49.

[152] 李抗抗,王成绪.用于煤层底板突水机理研究的岩体原位测试技术[J].煤田地质与勘探,1997,25(3):31-34.

[153] 王作宇,刘鸿泉,王培彝,等.承压水上采煤学科理论与实践[J].煤炭学报,1994,19(1):40-48.

[154] 张文泉,李白英."下三带"理论的发展和应用[C]//全国矿井地质学术会议.2004:3-9.

[155] 武强,黄小玲,董东林,等.评价煤层顶板涌(突)水条件的三图-双预测法[J].煤炭学报,2000,25(1):60-65.

[156] 武强,许珂,张维.再论煤层顶板涌(突)水危险性预测评价的"三图-双预测法"[J].煤炭学报,2016,41(6):1341-1347.

[157] 刘小松,梁媛,孙亚军.基于GIS的东滩煤矿顶板突水预测预报[J].河北工程大学学报(自然科学版),2002,19(3):66-68.

[158] 底青云,王妙月,石昆法,等.高分辨V6系统在矿山顶板涌水隐患中的应用研究[J].地球物理学报,2002,45(5):744-748.

[159] 王经明,董书宁,刘其声.煤矿突水灾害的预警原理及其应用[J].煤田地质与勘探,2005,33(S1):1-4.

[160] 魏军,题正义.灰色聚类评估在煤矿突水预测中的应用[J].辽宁工程技术大学学报,2006,25(S2):44-46.

[161] 杨天鸿,唐春安,谭志宏,等.岩体破坏突水模型研究现状及突水预测预报研究发展趋势[J].岩石力学与工程学报,2007,26(2):268-277.

[162] 狄效斌.同忻井田采空区积水贮存分布特征及突水预测[J].水文地质工程地质,2007,34(3):24-27.

[163] 蔡明锋,程久龙,隋海波,等.矿井工作面水害安全预警系统构建[J].煤矿安全,2009,40(9):50-53.

[164] 陈佩佩,刘秀娥.矿井顶板突水预警系统研究与应用[J].煤炭科学技术,2010,38(12):93-96.

[165] 刘斌,李术才,李树忱,等.电阻率层析成像法监测系统在矿井突水模型试验中的应用[J].岩石力学与工程学报,2010,29(2):297-306.

[166] 李树忱,冯现大,李术才,等.矿井顶板突水模型试验多场信息的归一化处理方法[J].煤炭学报,2011,36(03):447-451.

[167] 崔雪丽.综采顶板砂岩富水性多元信息预测模型与应用[D].徐州:中国矿业大学,2014.

[168] 孙长礼,王经明.祁东煤矿顶板水害影响因素及预警指标研究[J].煤炭科学技术,

2016,44(S1):78-81.

[169] WANG Z,LI W,WANG Q,et al. Relationships between the petrographic,physical and mechanical characteristics of sedimentary rocks in Jurassic weakly cemented strata[J]. Environmental earth sciences,2019,78(5):131.

[170] 王海军.煤层顶板沉积环境对其稳定性影响研究[J].煤炭科学技术,2017,45(2): 178-184.

[171] 曹代勇.煤炭地质勘探与评价[M].徐州:中国矿业大学出版社,2007:59-60.

[172] 孟召平,陆鹏庆,贺小黑.沉积结构面及其对岩体力学性质的影响[J].煤田地质与勘探,2009,37(01):33-37.

[173] 何幼斌,王文广.沉积岩与沉积相[M].北京:石油工业出版社,2007.

[174] 朱赛楠,殷跃平,李滨.二叠系炭质页岩软弱夹层剪切蠕变特性研究[J].岩土力学,2019,40(4):1377-1386.

[175] 刘泉声,刘学伟.多场耦合作用下岩体裂隙扩展演化关键问题研究[J].岩土力学,2014,35(2):305-320.

[176] 蒋明镜.现代土力学研究的新视野—宏微观土力学[J].岩土工程学报,2019,41(2):195-254.

[177] 王振康.神东侏罗纪煤系沉积岩力学特性的岩石学研究[D].焦作:河南理工大学,2017.

[178] 中华人民共和国行业标准编写组.碎屑岩粒度分析方法 SY/T5434-2009[S].北京:国家能源局,2009.

[179] 唐大雄,孙愫文.工程岩土学[M].北京:地质出版社,1999:9-10.

[180] MANDELBROT B. Fractals[M]. San Francisco:Wiley,1977.

[181] FOLK R L. Petrology of sedimentary rocks[M]. Austin:Hemphill Publishing Company,1980.

[182] KAHN J S. The analysis and distribution of the properties of packing in sand-size sediments:1. On the measurement of packing in sandstones[J]. Journal of Geology, 1956,64(4):385-395.

[183] HOWARTH D F,ROWLANDS J C. Quantitative assessment of rock texture and correlation with drillability and strength properties[J]. Rock Mechanics and Rock Engineering,1987,20(1):57-85.

[184] HUTCHISON C S. Laboratory handbook of petrographic techniques[M]. New York: Wiley,1974.

[185] 方祥位,申春妮,李春海,等.陕西蒲城黄土微观结构特征及定量分析[J].岩石力学与工程学报,2013,32(9):1917-1925.

[186] TUGRUL A,ZARIF I H. Correlation of mineralogical and textural characteristics with engineering properties of selected granitic rocks from Turkey[J]. Engineering Geology,1999,51:303-317.

[187] 李硕标,陈剑,易国丁.红层岩石微观特性与抗压强度关系试验研究[J].工程勘察,2013,41(3):1-5.

［188］FAHY M P,GUCCIONE M J. Estimating strength of sandstone using petrographic thin-section data［J］. Bulletin of the Association of Engineering Geologists,1979,16 (4):467-485.

［189］WU Q,MU W,XING Y,et al. Source discrimination of mine water inrush using multiple methods:a case study from the Beiyangzhuang Mine,Northern China［J］. Bulletin of Engineering Geology and the Environment,2019,78(1):469-482.

［190］徐速超,冯夏庭,陈炳瑞. 矽卡岩单轴循环加卸载试验及声发射特性研究［J］. 岩土力学,2009,30(10):2929-2934.

［191］左建平,谢和平,孟冰冰,等. 煤岩组合体分级加卸载特性的试验研究［J］. 岩土力学,2011,32(5):1287-1296.

［192］尤明庆,苏承东. 大理岩试样循环加载强化作用的试验研究［J］. 固体力学学报,2008,29(1):66-72.

［193］尤明庆,苏承东,徐涛. 岩石试样的加载卸载过程及杨氏模量［J］. 岩土工程学报,2001,23(5):588-592.

［194］刘超,李树刚,成小雨. 煤岩灾变过程应力场-损伤场-渗流场耦合效应数值模拟［J］. 西安科技大学学报,2013,33(5):512-516.

［195］俞缙,李宏,陈旭,等. 渗透压-应力耦合作用下砂岩渗透率与变形关联性三轴试验研究［J］. 岩石力学与工程学报,2013,32(6):1203-1213.

［196］袁瑞甫,杜锋,宋常胜,等. 综放采场重复采动覆岩运移原位监测与分析［J］. 采矿与安全工程学报,2018,35(4):717-724.

［197］KLAR A,DROMY I,LINKER R. Monitoring tunneling induced ground displacements using distributed fiber-optic sensing［J］. Tunnelling and Underground Space Technology,2014,40:141-150.

［198］LU Y,SHI B,WEI G Q,et al. Application of a distributed optical fiber sensing technique in monitoring the stress of precast piles ［J］. Smart Materials and Structures,2012,21(11):115011.

［199］PIAO C D,SHI B,GAO L. Characteristics and application of BOTDR in distributed detection of pile foundation ［J］. Advanced Materials Research, 2011, 163-167: 2657-2665.

［200］ZHU H H,SHI B,YAN J F,et al. Investigation of the evolutionary process of a reinforced model slope using a fiber-optic monitoring network［J］. Engineering Geology,2015,186:34-43.

［201］ZHU H H,SHI B,ZHANG J,et al. Distributed fiber optic monitoring and stability analysis of a model slope under surcharge loading［J］. Journal of Mountain Science,2014,11(4):979-989.

［202］BERNINI R,MINARDO A,ZENI L. Vectorial dislocation monitoring of pipelines by use of Brillouin-based fiber-optics sensors［J］. Smart materials and structures,2007,17(1):015006.

［203］SOGA K. Understanding the real performance of geotechnical structures using an innovative fibre optic distributed strain measurement technology[J]. Rivista Italiana di Geotecnica,2014,4:7-48.

[204] HONG C Y,ZHANG Y F,LI G W,et al. Recent progress of using Brillouin distributed fiber optic sensors for geotechnical health monitoring[J]. Sensors and Actuators A:Physical,2017,258:131-145.

[205] ZENI L,PICARELLI L,AVOLIO B,et al. Brillouin optical time-domain analysis for geotechnical monitoring [J]. Journal of Rock Mechanics and Geotechnical Engineering,2015,7(4):458-462.

[206] PEI H,YANG Q,LI Z. Early-age performance investigations of magnesium phosphate cement by using fiber Bragg grating[J]. Construction and Building Materials,2016,120:147-149.

[207] SUI W,HANG Y,MA L,et al. Interactions of overburden failure zones due to multiple-seam mining using longwall caving[J]. Bulletin of engineering geology and the environment,2015,74(3):1019-1035.

[208] CHENG G,SHI B,ZHU H H,et al. A field study on distributed fiber optic deformation monitoring of overlying strata during coal mining[J]. Journal of Civil Structural Health Monitoring,2015,5(5):553-562.

[209] ZHANG D,WANG J,ZHANG P,et al. Internal strain monitoring for coal mining similarity model based on distributed fiber optical sensing[J]. Measurement,2017,97:234-241.

[210] LIU Y,LI W,HE J,et al. Application of Brillouin optical time domain reflectometry to dynamic monitoring of overburden deformation and failure caused by underground mining [J]. International Journal of Rock Mechanics and Mining Sciences,2018,106:133-143.

[211] 许时昂.基于分布式光纤采场底板变形破坏特征测试研究[D].淮南:安徽理工大学,2017.

[212] MA L,JIN Z,LIANG J,et al. Simulation of water resource loss in short-distance coal seams disturbed by repeated mining[J]. Environmental earth sciences,2015,74(7):5653-5662.

[213] 钱鸣高,许家林.煤炭开采与岩层运动[J].煤炭学报,2019,44(04):5-16.

[214] 王东,段克信,李强.单一综放开采导水裂缝带形成机制研究[J].水资源与水工程学报,2011,22(3):63-67.

[215] LIANG M,FANG X,LI S,et al. A fiber Bragg grating tilt sensor for posture monitoring of hydraulic supports in coal mine working face[J]. Measurement,2019,138:305-313.

[216] 钱鸣高,缪协兴,许家林.岩层控制中的关键层理论[M].徐州:中国矿业大学出版社,2003.

[217] 赵兵朝.浅埋煤层条件下基于概率积分法的保水开采识别模式研究[D].西安:西安科技大学,2009.

[218] 杨国勇,陈超,高树林,等.基于层次分析-模糊聚类分析法的导水裂隙带发育高度研究[J].采矿与安全工程学报,2015,32(2):206-212.

[219] 吴鑫,伯志革,杨凯,等.3DEC 数值模拟方法在巷道支护优化设计中的应用[J].矿业安全与环保,2013(02):78-81.

[220] 石崇,储卫江,郑文棠.块体离散元数值模拟技术及工程应用[M].北京:中国建筑工业出版社,2016.

[221] 韩军,张宏伟,高照宇,等.巨厚煤层软弱覆岩分层综放开采覆岩破坏高度研究[J].采矿与安全工程学报,2016,33(2):226-230.

[222] 缪协兴,王安,孙亚军,等.干旱半干旱矿区水资源保护性采煤基础与应用研究[J].岩石力学与工程学报,2009,28(2):217-227.

[223] 李洪杰,杜计平,齐帅.矿井工作面顶板突水安全预警系统构建研究[J].中国矿业,2013,22(7):120-122.